国家示范校建设成果教材
中等职业学校项目化教学改革教材

电气设备安装与运行维护

主　编　汪春艳
副主编　欧效超　张松松

中国水利水电出版社
www.waterpub.com.cn

内 容 提 要

本书将水利电力类中职毕业生就业岗位所需要的电气设备安装与运行维护知识与实践编排成城市用电分析，开关电器运行及维护，互感器、载流导体的运行及维护，电气主接线及倒闸操作，水电站、变电站高压设备安装与维护，低压开关设备安装与维护，过电压保护，电气二次回路的运行八个模块。各模块结合相应视频、动画及实际设备进行各知识点相应任务的实施。

本书在教学过程中作为知识点引导，在相应任务的实施过程中，教师作有针对性讲解和技术指导。

本书适用于中等职业学校发电厂及电力系统、供用电技术专业，也可供从事电气设备安装及运行维护等职业的技术人员作基础知识的参考。

图书在版编目（CIP）数据

电气设备安装与运行维护 / 汪春艳主编. -- 北京：
中国水利水电出版社，2015.5（2023.2重印）
国家示范校建设成果教材. 中等职业学校项目化教学
改革教材
ISBN 978-7-5170-3276-2

Ⅰ. ①电… Ⅱ. ①汪… Ⅲ. ①电气设备－设备安装－
中等专业学校－教材②电气设备－维修－中等专业学校－
教材 Ⅳ. ①TM05②TM07

中国版本图书馆CIP数据核字（2015）第134691号

书　　　名	国家示范校建设成果教材 中等职业学校项目化教学改革教材 **电气设备安装与运行维护**
作　　　者	主编　汪春艳　副主编　欧效超　张松松
出版发行	中国水利水电出版社 （北京市海淀区玉渊潭南路1号D座　100038） 网址：www.waterpub.com.cn E-mail：sales@mwr.gov.cn 电话：（010）68545888（营销中心）
经　　　售	北京科水图书销售有限公司 电话：（010）68545874、63202643 全国各地新华书店和相关出版物销售网点
排　　　版	中国水利水电出版社微机排版中心
印　　　刷	天津嘉恒印务有限公司
规　　　格	184mm×260mm　16开本　8.5印张　202千字
版　　　次	2015年5月第1版　2023年2月第2次印刷
印　　　数	4001—5000册
定　　　价	**29.50元**

贵州省水利电力学校
校本教材编写委员会成员名单

主　任　陈海梁　卢　韦

副主任　刘幼凡　严易茂

成　员　刘学军　朱晓娟　程晓慧

　　　　邹利军　吴小兵　唐云岭

前　言
PREFACE

　　中共中央办公厅下发的文件《中共中央国务院关于深化教育改革全面推进素质教育的决定》中明确指出：调整和改革课程体系、结构、内容，建立新的基础教育课程体系，试行国家课程、地方课程和学校课程的三级课程管理体制。这也是我国职业院校在新课程改革中的一项重要任务。

　　本书的编写立足我国电力工业发展实际，在学习课改政策和研究中职学校学生情况的基础上，依据开发方案要求，总结了以往的教学经验、汲取了优秀经典教材的优点，并听取了多位经验丰富的工程技术人员的宝贵意见。本书比较准确地把握了校本课程的特征，突出了实践性、灵活性、校本性、选择性，符合新课程理念，对学生素质的全面健康发展也会产生积极的作用。

　　限于编者理论水平和实践能力，教材的部分内容还不够成熟，书中存在不足之处，恳请专家和读者提出宝贵意见，使之不断完善。

编者

2015 年 3 月

目 录
CONTENTS

模块一　城市用电分析

知识点一　电力工业发展概况及前景

电力是现代工农业及整个社会生活中最重要的能源之一，绝大部分是由发电厂提供。在我国，水能资源和煤炭储量广泛而丰富，发电厂以火电、水电、核电为主。另外，在我国的一些地区风能、太阳能等资源也很丰富，开发前景广阔。这些优越的资源条件为我国电力工业的发展奠定了良好的物质基础。

由于具有易于由其他形式的能量转化、可进行远距离输送、集中和分配自由，能够满足各生产工艺过程、传输速度快（30 万 km/s），能量大，可以约时停送等优点，电能得到了广泛应用。科技的快速发展和人们生活水平的提高，对电能的需求也越来越大。目前，我国电力工业已开始进入"大机组""大电网""超高压""高度自动化"的发展新阶段，随着科技水平的不断提高，调度自动化、光纤通信、计算机控制等高新技术已广泛应用于电力系统中。

截至 2013 年年末，全国发电装机总量达 12.47 亿 kW，同比增长 9.3%。其中，水电装机 2.8 亿 kW，同比增长 12.3%；火电装机 8.6 亿 kW，同比增长 5.7%，核电装机 1461 万 kW，同比增长 16.2%；并网风电装机 7548 万 kW，同比增长 24.5%；并网太阳能发电装机 1479 万 kW，增长 3.4 倍。新能源和可再生能源发电装机占比 31%，较上年提高 5.76 个百分点。

> **知识扩展：**
>
> 法拉第（MichaelFaraday，1791—1867），英国著名物理学家、化学家。在化学、电化学、电磁学等领域都做出过杰出贡献。他幼年家境贫寒，未受过系统的正规教育，但却在众多领域中做出惊人成就，堪称刻苦勤奋、探索真理、不计个人名利的典范。
>
> 他最出色的工作是电磁感应的发现和场的概念的提出。经过 10 年探索，历经多次失败后，1831 年 8 月 26 日终于获得成功。这次实验因为是用伏打电池在给一组线圈通电（或断电）的瞬间，在另一组线圈获得的感生电流，他称之为"伏打电感应"。同年 10 月 17 日完成了在磁体与闭合线圈相对运动时在闭合线圈中激发电流的实验，他称之为"磁电感应"。经过大量实验后，他终于实现了"磁生电"的凤愿，宣告了电气时代的到来。后世的人们，在享受他带来的文明的时候，没有忘记这位伟人，人们选择了"法拉"作为电容的国际单位。

知识点二　发电厂和变电站类型

一、发电厂的类型

发电厂是电力系统的中心环节，它是将各种天然的一次能源转换为电能的工厂。根据一次能源的不同，发电厂可分为火力发电厂、水力发电厂、风力发电厂、核能发电厂等。按发电厂的规模和供电范围不同，又可分为区域性发电厂、地方发电厂和自备专用发电厂等。

（一）火力发电厂

火力发电厂是将燃料（如煤、石油、天然气、油页岩等）的化学能转化为电能的工厂。

它的基本生产过程是：燃料在锅炉中燃烧加热水使之成为蒸汽，将燃料的化学能转变成热能，蒸汽压力推动汽轮机旋转，热能转换成机械能，然后汽轮机带动发电机旋转，将机械能转变成电能。

1. 凝汽式火力发电厂

凝汽式火电厂只向用户提供电能，热效率只有30%～40%。一般情况下，大型的凝汽式发电厂一般建在煤矿基地及其附近，通常被称为坑口电站。凝汽式燃煤电厂生产过程示意图如图 1-1 所示。

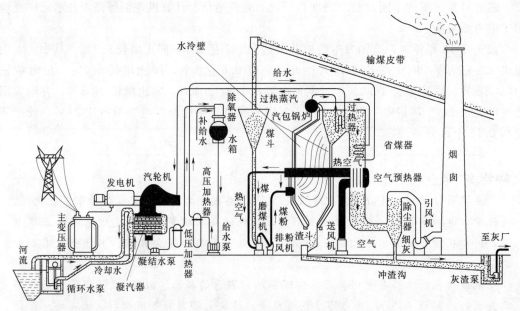

图 1-1　凝汽式燃煤电厂生产过程示意图

2. 热电厂

热电厂与凝汽式火电厂的功能有所不同，它既能够向用户提供电能，又能向用户提供热能，热效率高达60%～70%。考虑到供热压力和温度参数的要求，热电厂一般要建在热力用户附近。火电厂平面布置图如图 1-2 所示。

（二）水力发电厂

水力发电厂是将水的位能转换为电能的工厂。它的基本生产过程是：从河流高处或其

图 1-2　火电厂平面布置图

他水库内引水，利用水的压力或流速冲动水轮机旋转，将重力势能和动能转变成机械能，然后水轮机带动发电机旋转，将机械能转变成电能。水力发电厂原动机是水轮机。

水力发电厂的容量大小取决于上下游的水位差（简称水头）和流量的大小。常见的水电厂类型有坝后式水电厂、河床式水电厂、引水式水电厂。坝后式水电厂厂房建在大坝的后面，不承受水的压力，适用于高、中水头的水电厂；河床式水电厂的厂房与大坝联合成一体，厂房是大坝的一个组成部分，要承受水的压力，故适用于中、低水头的水电厂。引水式水电厂建在河道坡降较陡的河段或大河湾处，在河段上游筑坝引水，用引水渠道、隧洞、压力水管等将水引到河段下游，用以集中水头发电。这类水电厂大都为高水头水电厂。

三峡水电站发电原理图如图 1-3 所示。

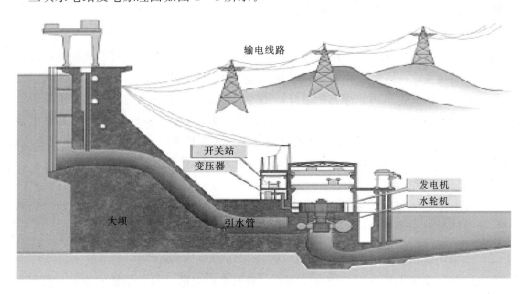

图 1-3　三峡水电站发电原理图

知识扩展：

长江三峡水电站又称三峡工程、三峡大坝。位于湖北省宜昌市的三斗坪镇，三峡水电站和下游的葛洲坝水电站构成梯级电站。

三峡水电站是世界上规模最大的水电站，也是中国有史以来建设最大型的工程项目。三峡水电站的功能有十多种，包括航运、发电、种植等。三峡水电站1994年正式动工兴建，2003年6月1日下午开始蓄水发电，于2009年全部完工。

三峡水电站大坝高程185m，蓄水高程175m，水库长600多km，总投资954.6亿元人民币，安装32台单机容量为70万kW的水电机组。三峡水电站最后一台水电机组于2012年7月4日投产，这意味着，装机容量达到2240万kW的三峡水电站，现为全世界最大的水力发电站和清洁能源生产基地。

（三）核电厂

核电厂又称原子能发电厂，主要是利用原子核的裂变能来生产电能。生产过程同火电厂基本相同，主要区别是以核反应堆代替燃煤锅炉，以少量的核燃料代替了大量的煤炭。核电具有以下优点：

（1）核能发电不像化石燃料发电那样排放巨量的污染物质到大气中，因此核电不会造成空气污染。

（2）核能发电不会产生加重地球温室效应的二氧化碳气体。

（3）核燃料能量密度比化石燃料高几百万倍，故核能电厂所使用的燃料体积小，运输与储存都很方便。

（4）核能发电的成本中，燃料费用所占的比例较低，核能发电的成本不易受到国际经济情势影响，故发电成本比其他发电方法稳定。

（四）风力发电厂

风力发电厂是利用风来产生电力的发电厂，属于可再生能源发电厂。风机是构成风力发电厂的必要设备之一，主要由塔架、叶片、发电机等三大部分所构成。运转的风速必须大于2～4m/s（依发电机不同而有所差异）不等，但是风速太强（约25m/s）也不行，当风速达10～16m/s时，即可以满载发电。目前，新疆维吾尔自治区为我国风力发电最大的省份。世界上有超过40个国家建有风力发电厂，大多位于欧洲、北美洲、东亚等地区；而风力发电较发达（技术、设备等）的国家主要有丹麦、西班牙、德国、美国等。

（五）其他类型发电厂

除了以上主要能源用于发电外，还有一些其他形式的一次能源可以用来发电，如地热发电、太阳能发电、潮汐发电等，这些发电方式在我国都有极其广阔的发展前景。

二、变电站类型

变电站是联系发电厂和用户的中间环节，起着变换电能、分配电能的作用。根据变电所在电力系统中的地位和作用，一般可以分成以下几类。

（一）枢纽变电站

枢纽变电站位于电力系统的枢纽点，汇集多个电源，连接电力系统高压和中压的几个部分，电压等级一般为330kV及以上。枢纽变电站一旦停电，将造成大范围的断电，导致电力系统解列，甚至造成整个电力系统瘫痪。

（二）中间变电所

中间变电站的电压等级一般为220～330kV，汇集2～3个电源和若干线路，在系统起中间环节作用。全所停电后，将引起区域电网的解列。

（三）地区变电站

地区变电站的电压等级一般为110～220kV，主要向一个地区的用户供电，是一个地区或一座中小城市的主要变电所，一旦停电，将造成该地区或城市用电紊乱，甚至中断供电。

（四）企业变电站

企业变电站是企业为满足自身生产等需要而建立的专用变电站，电压等级一般为35～220kV。

（五）终端变电站

终端变电站位于配电线路的末端，接近负荷处，电压等级一般为35～110kV，经降压直接供电给用户。

> **知识扩展：**
>
> 无人值班变电站是变电站一种先进的运行管理模式。它是指借助微机远动等自动化技术，值班人员在远方获取相关信息，并对变电站的设备运行进行控制和管理。
>
> 无人值班变电站站内不设置固定的运行维护值班岗位，其运行管理工作由变电运维操作站负责。新投运的220kV变电站试运行24h正常后即按无人值班模式运行。但变电站投产前应按无人值班技术规范进行完整的试验和验收，并保存好试验、验收记录和资料。不满足无人值班要求的，不得投产送电。

知识点三　电力系统基本概念

一、电力系统及电力网

电力从生产到供给用户使用，通常经过发电、供电、输电、配电、用电等5个环节。电力从生产到使用的全过程，客观上形成了电力系统。严格地说，由发电厂的发电部分、输配电线路、变配电所及用电户的各种用电设备所组成的整体称为电力系统，常简称系统，组成示意如图1-4所示。

由图1-4可见，在电力系统中，除发电设备和用电设备外，各级电压的电力线路及其所联系的变电所，称为电力网，简称电网。电力网按其在电力系统中的作用，分为输电网和配电网，输电网以输电为目的，由高压或超高压输电线路将发电厂、变电所或变电所

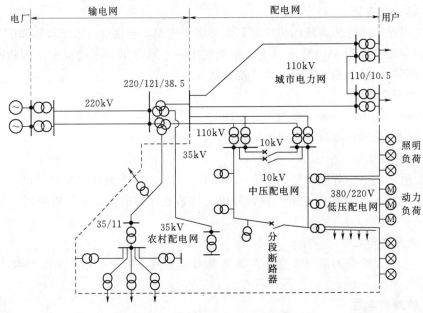

图 1-4 电力系统与电力网示意图

之间连接起来的送电网络；直接将电能送到用户去的网络称为配电网或配电系统，它以配电为目的。

二、对电力系统的基本要求

由于电力系统与国民经济各部分及人民生活间的关系非常密切，所以对其运行要求很高，基本要求如下。

（一）保证运行安全可靠

供电中断将使生产停顿、混乱，甚至危及人身和设备的安全，造成十分严重的后果。停电给国民经济造成的损失远超过电力系统本身的损失，因此电力系统运行首先要满足安全发供电的要求。通常根据负荷对可靠性的要求及中断供电在政治上、经济上所造成的损失和影响程度，将负荷分为三级。

1. 一级负荷

一级负荷为中断供电将造成人身伤亡或在政治和经济上造成重大损失者。如大型医院、炼钢厂、石油提炼厂或矿井等。为了保证一级负荷的正常供电，一级负荷应由两个电源供电。

2. 二级负荷

二级负荷为中断供电将在政治和经济上造成较大损失或造成公共场所秩序混乱者。如铁路枢纽等，二级负荷宜由两个电源供电。当地区供电条件困难或负荷较小时，二级负荷可由一条 6～10kV 以上的专用线路供电。如采用电缆时，应敷设备用电缆并经常处于运行状态。

3. 三级负荷

三级负荷为一般的电力负荷，所有不属于上述一级、二级负荷者。

当系统发生故障时，出现供电不足的情况时，应首先切除三级负荷，以保证一级和二级负荷的正常供电。

（二）保证良好的电能质量

对于电网系统，衡量电能质量的主要指标是电压、频率和波形。

电压的允许变化范围见表1-1。

我国规定的电力系统的额定频率为50Hz，大容量系统允许频率偏差±0.2Hz，中小容量系统允许频率偏差±0.5Hz。电力系统的供电电压（或电流）的波形为严格的正弦波形。

电力系统的频率主要取决于有功功率的平衡，电压主要取决于无功功率的平衡，可通过调频、调压和无功补偿等措施来保证频率和电压的稳定。

表1-1　电压的允许变化范围

线路额定电压	正常运行电压允许变化范围
35kV 及以上	$\pm 5\% U_e$
10kV 及以下	$\pm 7\% U_e$
低压照明及农业用电	$(+5\% \sim -10\%) U_e$

三、电气设备概述及额定参数

（一）主要电气设备简介

1. 一次设备

一次设备是指直接生产、变换、输送和分配电能的电气设备。

生产电能的设备：发电机。

接通和开断电路的开关设备：断路器、隔离开关、负荷开关等。

交换设备：电力变压器、电压互感器、电流互感器等。

保护设备：用来对水电站电气系统进行过电流和过电压等的保护，如电抗器、熔断器、避雷器等。

输送设备：电力线路等。

主要电气设备图形符号及文字符号见表1-2。

表1-2　　主要电气设备图形符号及文字符号

序号	设备名称	图形符号	文字符号	序号	设备名称	图形符号	文字符号
1	交流发电机		G 或 GS	10	输电线路		WL
2	双绕组变压器		G 或 GD	11	母线		W8
3	三绕组变压器		T 或 TV	12	电缆终端头		W
4	电抗器		T 或 TM	13	隔离开关		Q 或 QS
5	避雷器		L	14	断路器		Q 或 QF
6	火花间隙		F	15	接触器		K 或 KM
7	电流互感器		TA	16	熔断器		FU
8	双绕组电压互感器		TV	17	跌落式熔断器		FU
9	三绕组电压互感器		TT	18	接地		PE

2. 二次设备

二次设备是对一次设备、其他设备的工作进行监测和控制保护的设备。

继电保护和自动装置：用于反映不正常工作状态或故障，如继电器等。

测量仪表：测量电气参数的设备，如仪表电压表、功率表、示波器、录波器等。

直流设备：供给保护、操作、信号及事故照明等设备的直流用电，如直流发电机、蓄电池等。

信号设备及控制电缆：信号装置、控制电缆、小母线等。

（二）电气设备的额定参数

1. 额定电压（U_e）

电气设备在额定电压下工作时，其技术性能与经济性能最佳。

我国额定电压按电压等级及使用范围可分为三类：

第一类是100V及以下的电压等级，主要用于安全动力、照明、蓄电池及其他特殊设备。

第二类是100～1000V之间的电压等级，它应用最广、数量最多，如电动机、工业、民用、照明、普通电气、动力及控制设备都采用此类电压。

第三类是1000V及以上的电压等级。电力系统的发、供、输、配、用电都采用这个电压等级。

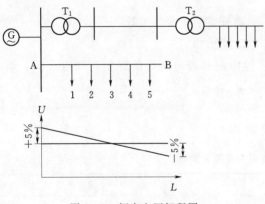

图1-5 额定电压解释图

在实际运行中，同一电压等级下，各电气设备的额定电压不尽相同，故可分为用电设备、电力网、发电机和变压器等四种额定电压。

（1）电力网和用电设备的额定电压。

如图1-5所示，设发电机在额定电压下运行，给电力网AB部分供电。由于线路有电压损失，所以负荷1～5点所受的电压各不相同，线路首端电压U_A大于末端电压U_B，若负荷沿线路分布均匀，电压沿线路分布情况大致如坐标系中斜线所示。各处用电设备所受的电压不同。电气设备的电压水平也不可能按上述分布电压制造，而且电力网各点的电压也是经常变化的，所以用电设备的额定电压只能力求接近于实际工作电压。通常用线路首、末网端电压的算术平均值 $\frac{1}{2}(U_A+U_B)$ 作为用电设备的额定电压，这个电压是电力网的额定电压，用电设备的额定电压就等于其所在电力网的额定电压。

电力网的额定标准电压：0.22kV、0.38kV、3kV、6kV、10kV、35kV、60kV、110kV、220kV、330kV、500kV、750kV、1000kV。

一般城市对中、小企业的供电，可采用10kV电压等级的配电网络。对大、中企业的供电，可采用35～110kV电压等级的配电网络。35kV、110kV电压等级，适用于中距离输电220～500kV电压等级，适用于远距离大容量的输电。

（2）发电机的额定电压。

发电机额定电压比其所在电力网的额定电压高 5%。一般考虑电力网的电压损失为 10%，如果线路首端电压比电力网高 5%，则到末端，电压比电力网的额定电压会低 5%，从而保证末端用电设备的工作电压的偏移不会超过允许的范围，一般为±5%。

（3）变压器的额定电压。

变压器一次绕组的额定电压根据是升压变压器还是降压变压器而有所不同。一般升压变压器是与发电机电压母线或与发电机直接相连接，如图 1-5 所示，所以升压变压器的一次绕组的额定电压应高出其所在电力网额定电压的 5%。降压变压器对电力网而言相当于用电设备，所以降压变压器一次绕组的额定电压等于所接电力网的额定电压。但厂用变压器一次绕组的额定电压取所接电力网额定电压的 1.05 倍。

2. 额定电流（I_e）和额定容量（S_e）

额定电流是电气设备在额定电压下工作的电流，是指在基准环境温度下，在额定电压工作条件下，发热不超过长期发热允许温度时所允许长期通过的最大电流。

发电机、变压器、电动机是用于转换功率的，所以都相应规定有额定容量，其规定条件与额定电流相同。

$$S_e = \sqrt{3} U_e I_e \quad (\text{kVA})$$

$$P_e = \sqrt{3} U_e I_e \cos\varphi \quad (\text{kW})$$

$$Q_e = \sqrt{3} U_e I_e \sin\varphi \quad (\text{var})$$

知识扩展：

中国目前只有两家经营电网的公司，分别为国家电网公司和南方电网公司。

国家电网公司成立于 2002 年 12 月 29 日，是经国务院同意进行国家授权投资的机构和国家控股公司的试点单位，以建设和运营电网为核心业务，承担着保障更安全、更经济、更清洁、可持续的电力供应的基本使命，经营区域覆盖全国 26 个省（自治区、直辖市），覆盖国土面积的 88%，供电人口超过 11 亿人，公司用工总量超过 186 万人。

中国南方电网公司于 2002 年 12 月 29 日正式挂牌成立并开始运作。公司经营范围为广东、广西、云南、贵州和海南，负责投资、建设和经营管理南方区域电网，经营相关的输配电业务，参与投资、建设和经营相关的跨区域输变电和联网工程；从事电力购销业务，负责电力交易与调度；从事国内外投融资业务；自主开展外贸流通经营、国际合作、对外工程承包和对外劳务合作等业务。南方电网覆盖五省（自治区），面积 100 万 km²，供电总人口 2.3 亿人，占全国总人口的 17.8%。

知识点四　电力系统中性点运行方式

电力系统的中性点是指三相系统做星形连接的变压器和发电机的中性点。目前我国电力系统常见的中性点运行方式可分为中性点非有效接地和有效接地两大类。中性点非有效接地包括中性点不接地、中性点经消弧线圈接地、中性点经高阻抗接地。中性点有效接地包括中性点直接接地、中性点经低阻抗接地。

中性点采用不同的接地方式，会影响到电力系统许多方面的技术经济问题，如电网的绝缘水平、供电可靠性、对通信系统的干扰、继电保护动作特性等，因此，选择电力系统中性点运行方式是一个综合的问题。

一、中性点不接地三相系统

各相对地电容电流的数值相等而相位相差120°，其向量和等于零，地中没有电容电流通过，中性点对地电位为零，即中性点与地电位一致。这时中性点接地与否对各相对地电压没有任何影响。纯电阻、电感、电容线路计算参见附录一。

中性点不接地的电力系统正常运行电路图如图1-6所示。

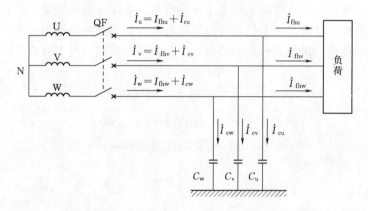

图1-6 中性点不接地的电力系统正常运行电路图

中性点不接地系统一相接地电路图如图1-7所示。

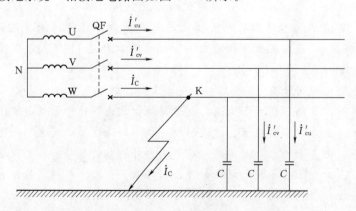

图1-7 中性点不接地系统一相接地电路图

在中性点不接地的三相系统中，当一相发生接地时的特点如下：

（1）电压是未接地两相的对地电压的$\sqrt{3}$倍，即等于线电压，在这种系统中，设备相对地的绝缘水平应根据线电压来设计。

（2）一相接地故障时，由于线电压保持不变，使负荷电流不变，电力用户能够继续工作，提高了供电可靠性。但不允许长期一相接地运行，因为未接地相对地电压升高到线电压，一相接地运行时间过长易发展成两相短路。所以在这种系统中，一般应装设绝缘监视或接地保护装置。当发生一相接地时能发出信号，使值班人员迅速采取措施，尽快消除故障。规程规定：在中性点不接地系统中，发生一相接地时，系统允许继续运行的时间，最长不得超过 2h，此时要加强绝缘监视。

（3）接地点通过的电流为电容电流，其大小为原来相对地电容电流的 3 倍，这种电容电流不容易熄灭，可能会在接地点产生电弧，周期性的熄灭和重新发生电弧。弧光接地的持续间歇性电弧较危险，可能会引起线路的谐振现象而产生过电压，损坏电气设备绝缘或发展成相间短路。

二、中性点经消弧线圈接地的三相系统

上述提到的中性点不接地三相系统，在发生一相接地故障时虽还可以继续供电，但在一相接地故障电流较大时，无法继续供电（如 35kV 系统大于 10A，10kV 系统大于 30A），为了克服这个缺陷，便出现了经消弧线圈接地的运行方式。目前在 35kV 电网系统中，就广泛采用了这种中性点经消弧线圈接地的运行方式。中性点经消弧线圈接地系统一相接地时电路图如图 1-8 所示。消弧线圈如图 1-9 所示。

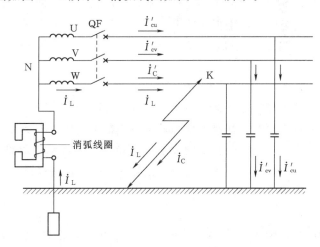

图 1-8　中性点经消弧线圈接地系统一相接地时电路图

消弧线圈是一个具有铁芯的可调电感线圈，装设在变压器或发电机的中性点与接地装置之间。当发生单相接地故障时，可形成一个与接地电容电流方向相反的电感电流，这个滞后电压 90°的电感电流与超前电压 90°的电容电流相互补偿，最后使流经接地处的电流变得很小以至等于零，从而消除接地处的电弧，避免由此可能产生的危害。

根据消弧线圈中电感电流对接地电容电流的补偿程度不同，可以分为全补偿、欠补偿和过补偿三种补偿方式。

1. 全补偿

当 $I_L = I_C$（$1/\omega L = 3\omega C$）时，接地点的电流为 0，这种补偿称全补偿。从补偿观点来看，确实能很好地避免电弧的产生，全补偿效果是最好的，但实际上并不采用这种方式。

图 1-9 消弧线圈

因为系统正常运行时，各相对地电压不完全对称，中性点对地之间有一定电压，此电压可能引起串联谐振，在线路中会产生很高的电压压降，造成电网中性点对地电压严重升高，可能会损坏设备和输电线路的绝缘，因此这种补偿方式并不是最好的补偿方式，通常不采用。

2. 欠补偿

当 $I_L < I_C$，即电感电流小于电容电流时，接地点的电流没有被消除，尚有未补偿的电容电流，这种补偿方式称为欠补偿。这种补偿方式很少采用，因为在欠补偿运行时，如果切除部分线路（对地电容减小，容抗增大 I_C 减小），或系统频率降低（感抗减小 I_L 增大，容抗增大 I_C 减小），都有可能使系统变为完全补偿，出现串联谐振过电压，因此这种补偿方式一般不会被采用。

3. 过补偿

当 $I_L > I_C$，即电感电流大于电容电流时，接地点出现多余的电感电流，这种补偿称为过补偿。采用这种补偿方式，不会出现串联谐振情况，因此得到了广泛应用。因为 $I_L > I_C$，消弧线圈留有一定的裕度，也有利于将来电网发展。采用过补偿，补偿后的残余电流一般不超过 5～10A。

运行实践也证明，不同电压等级的电网，只要残余电流不超过允许值（6kV 电网，残余电流不大于 30A；10kV 电网，残余电流不大于 20A；35kV 电网，残余电流不大于 10A），接地电弧就会自动熄灭。一般都采用过补偿，这样消弧线圈有一定的裕度，不至于发生谐振而产生过电压。

三、中性点直接接地

中性点直接接地的系统属于较大电流接地系统，发生一相接地故障时，一般通过接地点的电流较大，可能会损坏电气设备。发生故障后，继电保护装置应立即动作，使开关跳闸，切除故障。目前，我国110kV以上系统大都采用中性点直接接地的运行方式。一相接地时的中性点直接接地系统如图1-10所示。

对于不同电压等级电力系统中性点的运行方式一般按下述原则选择：

220kV以上电力网，采用中性点直接接地方式。

110kV电力网，大都采用中性点直接接地方式，少部分采用消弧线圈接地方式。

20～60kV的电力网，从供电可靠性出发，采用经消弧线圈接地或不接地的方式。但当单相接地电流大于10A时，可采用经消弧线圈接地的方式。

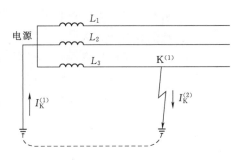

图1-10　一相接地时的中性点直接接地系统

3～10kV电力网，供电可靠性与故障后果是其最主要的考虑因素，多采用中性点不接地方式。但当电网电容电流大于30A时，可采用经消弧线圈接地或经电阻接地的方式。

1kV以下系统，即220/380V三相四线制低压电力网，从安全观点出发，均采用中性点直接接地的运行方式，这样可以防止一相接地时火线超过250V的危险（对地）电压。特殊场所，如爆炸危险场所或矿下，也有采用中性点不接地的运行方式。

知识扩展：

收音机利用的就是谐振现象。转动收音机的旋钮时，就是在变动里边的电路固有频率。忽然在某一点，电路的频率和空气中原来不可见的电磁波频率相等，于是，它们发生了谐振。远方的声音从收音机中传出来，这声音是谐振的产物。

在具有电阻R、电感L和电容C元件的交流电路中，电路两端的电压与其中电流相位一般是不同的。如果调节电路元件（L或C）的参数或电源频率，可以使它们相位相同，整个电路呈现为纯电阻性。电路达到这种状态称之为谐振。在谐振状态下，电路的总阻抗达到极值或近似达到极值。研究谐振的目的就是要认识这种客观现象，并在科学和应用技术上充分利用谐振的特征，同时又要预防它所产生的危害。按电路连接的不同，有串联谐振和并联谐振两种。

串联谐振产生过电压，并联谐振产生大电流。在电力系统中，电网参数的不利组合及其他原因，都可能引起系统中电磁能量的瞬间突变，形成谐振过电压。谐振过电压分为线性过电压和非线性过电压（也称铁磁谐振过电压）两种。当谐振发生时，其电压幅值高、变化速度快、持续时间长，轻则影响设备的安全稳定运行，重则可使开关柜爆炸、炸毁设备，甚至造成大面积停电等严重事故。

思　考　题

1. 电力系统是由哪些部分组成？各部分的作用是什么？

2. 电力生产的特点是什么？

3. 大电网有哪些优越性？

4. 新能源发电主要有哪些类型？

5. 变电站有哪些类型？各自的作用是什么？

6. 电力系统有哪些一次设备、二次设备？它们的作用是什么？

7. 我国电力系统中性点运行方式有哪几种？

8. 试述消弧线圈的工作原理。消弧线圈有哪几种补偿方式？常采用哪几种？

9. 试述微机远动的作用及组成。

模块二 开关电器运行及维护

知识点一 短路电流概述

在电路中，电流不流经用电器，直接连接电源两极，即为电源短路。在电力系统运行中，相与相之间或相与地（或中性线）之间发生非正常连接（即短路）时会流过非常大的电流，这称为短路电流。短路电流值远大于额定电流，取决于短路点距电源的电气距离。

一、短路类型及危害

三相系统中发生的短路有 4 种基本类型：三相短路 $[K^{(3)}]$、两相短路 $[K^{(2)}]$、单相短路 $[K^{(1)}]$ 和两相接地短路 $[K^{(1,1)}]$。

其中，三相短路时，三相回路依旧对称，因而又称对称性短路，其余三类短路类型均属不对称短路。在中性点接地电力网络的实际运行中，以一相对地的短路故障最多，约占全部故障的 83%。在中性点非直接接地的电力网络中，短路故障主要是各种相间短路。

发生短路时，系统的阻抗大幅度减小，而电流则大幅度增加。通常短路电流可达正常工作电流的几十倍甚至几百倍。对电力系统的影响有以下几点：

（1）损坏电气设备。短路电流产生的电动力效应和热效应，会使故障设备及短路回路中的其他设备遭到破坏。

（2）影响其他电气设备的正常运行。短路时电网电压骤降，使电气设备不能正常运行。

（3）影响系统的稳定性。严重的短路会使并列运行的发电机组失去同步，造成电力系统解列。

（4）造成停电事故。短路时，电力系统的保护装置动作，使开关跳闸，从而造成大范围停电。短路点越靠近电源，停电范围越大，造成的经济损失越严重。

（5）产生电磁干扰。不对称短路的不平衡电流，在周围空间将产生很大的交变磁场，干扰附近的通讯线路和自动控制装置的正常工作。

为了消除或减轻短路带来的危害，就需要计算短路电流。

二、造成短路的原因

造成短路的主要原因有：

（1）线路或元件老化，绝缘破坏而造成短路。

（2）电源过电压，造成绝缘击穿。

（3）小动物（如蛇、鼠等）跨接在裸线上。

（4）人为地私拉乱接电线。

（5）室外架空线的线路松弛，大风作用下碰撞。

（6）线路安装过低与各种运输物品或金属物品相碰造成短路。

（7）在极端恶劣气象条件的影响下，例如雷击过后造成的闪烁放电，由于风灾引起架空线断线和导线覆冰引起电线杆倒塌等。

（8）人为过失，例如工作人员带负荷拉闸，检修线路或设备时未排除接地线合闸供电，运行人员的误操作等。

（9）人为破坏，如偷电线和美国的科索沃战争、伊拉克战争中使用的碳纤维弹。

三、短路电流计算目的

计算短路电流的目的如下：

（1）选择和校验电气设备。在电气设计中，需要根据电气设备安装处的短路电流或短路容量的大小，选择电气设备的型号及参数，并进行热稳定和动稳定的校验。

（2）选用需要限制短路电流的措施。

（3）继电保护装置的配置、选型和整定计算。

（4）进行电力系统稳定性分析。

四、短路电流的计算方法

实用计算的基本假设：

（1）电力系统在正常工作时三相是对称的；所有发电机的转速和电动势相位在短路过程中相位保持不变。

（2）电力系统各元件的电容和电阻略去不计；各元件的电抗在短路过程中保持不变，即不受铁芯饱和的影响；变压器忽略励磁电流和励磁回路。各电力元件的寄生电容仅在超高压时才考虑。按此假设，在高压网络的短路回路中，各阻抗元件一般均可用等值电抗来表示。

短路电流的计算方法一般有有名值法和标幺值法两种。

（一）有名值法

有名值法又称绝对值法。在短路计算中的各物理量均采用相应单位。特点是直接利用各量计算，在小型系统短路电流计算中比较方便、直接。

采用有名值法计算短路电流的步骤如下：

（1）计算短路回路各元件阻抗。短路回路中的阻抗元件主要有电力系统、发电机、电力变压器、输电线路。各元件计算公式见表 2 - 1。

表 2 - 1　　　　　　　　　常用电气设备的有名值计算

序号	元件名称	有名值	备　注
1	电力系统	$X_X = \dfrac{U_T^2}{S_K}$	S_K 出口断路器的断流容量，MVA，可查断路器铭牌。U_T 是短路点处的平均电压，单位是 kV
2	发电机（或电动机）	$X_d'' = \dfrac{U_d''\% \, U_b^2}{100 \; S_G}$	$U_d''\%$ 为发电机次暂态电抗百分值，S_G 是发电机额定容量，单位是 MVA。U_b 是各级的平均电压，单位是 kV

续表

序号	元件名称	有名值	备　注
3	电力变压器	$X_T = \dfrac{U_K\%}{100}\dfrac{U_T^2}{S_T}$	$U_K\%$ 为变压器的阻抗电压百分值，S_T 是最大容量线圈的额定容量，单位是 MVA。U_T 单位是 kV
4	电抗器	$X_L = \dfrac{U_L\%}{100}\dfrac{U_{Ln}}{\sqrt{3}I_{Ln}}$	$X_L\%$ 为电抗器电抗百分值，I_{LN} 单位为 kA
5	线路	$X_1 = X_0 L$	X_0 为输电线路每千米电抗，Ω/km。L 为送电线路长度

当发电机电抗无法确定参数时，可按表 2-2 取值。

表 2 - 2　　　　　　　　　　　　　**发 电 机 电 抗 平 均 值**

发电机电抗	$X_1/\%$	$X_2/\%$	$X_0/\%$
200MW 的汽轮发电机	14.5	17.5	8.5
无阻尼绕组水轮发电机	29.0	45.0	11.0
有阻尼绕组水轮发电机	21.0	21.5	9.5
同步调相机	16.0	16.5	8.5
同步电动机	15.0	16.0	8.0
异步电动机	20.0		

注　X_1 为正序电抗；X_2 为负序电抗；X_0 为零序电抗。

（2）绘制计算电路图，将电路简化，求出等效总阻抗。

（3）按照短路电流计算公式计算短路电流。

$$I_K^{(3)} = \frac{U_K}{\sqrt{3}X_\Sigma}$$

（二）标幺值法

标幺值是某些电气量的实际有名值与所选定的同单位基准值之比，即

$$标幺值 = \frac{实际有名值（任意单位）}{基准值（与实际值同单位）}$$

可见标幺值是一个无单位的相对值，而且对同一个实际值，因选取的基准值不同，其标幺值也不同。标幺值的符号为各量符号加上角码"*"。

计算短路电流时常涉及四个电气量，即电压 U、电流 I、功率 S 和电抗 X。四量之间由欧姆定律和功率方程相联系。

$$U = \sqrt{3}IX, \quad S = \sqrt{3}UI$$

四个基准值可以任意选取其中的两个电气量，另外两个电气量按上述公式计算确定。一般情况下，选取基准功率和基准电压，基准电流和基准阻抗有公式求解计算。基准值的符号为各量符号加下角码"j"。各电气量对于选取的四个基准值的标幺值为

$$U_* = \frac{U}{U_j}$$

$$S_* = \frac{S}{S_j}$$

$$I_* = \frac{I}{I_j} = I\frac{\sqrt{3}U_j}{S_j}$$

$$X_* = X\frac{S_j}{U_j^2}$$

采用标幺值法计算短路电流的步骤是：

（1）根据原始数据计算主要元件电抗标幺值，常用电气设备的标幺值计算见表 2-3。

表 2-3　　　　　　　　　　常用电气设备的标幺值计算

序号	元件名称	标幺值	备　注
1	发电机（或电动机）	$X''_{*d} = \frac{U''_d\%}{100}\frac{S_j}{S_G}$	$U''_d\%$ 为发电机次暂态电抗百分值，S_G 是发电机额定容量，单位是 MVA
2	电力变压器	$X_{*T} = \frac{U_K\%}{100}\frac{S_j}{S_T}$	$U_K\%$ 为变压器的阻抗电压百分值，S_T 是最大容量线圈的额定容量，单位是 MVA
3	电抗器	$X_{*L} = \frac{U_L\%}{100}\frac{U_{Ln}}{\sqrt{3}I_{Ln}}\frac{S_j}{U_j^2}$	$X_L\%$ 为电抗器电抗百分值，I_{LN} 单位为 kA
4	线路	$X_* = X\frac{S_j}{U_j^2}$	X 为每相电抗有名值，单位为 Ω

（2）绘制计算电路图。

（3）等值电路简化。

（4）计算短路电流。

知识点二　电弧及电气触头

当开关电器断开具有一定电压和电流的电路时，在开关电器的触头刚刚分开之后瞬间，动静触头之间会产生电弧。这时，开关的动、静触头虽然已分开，但是由于触头间的电弧形成了离子导电通道，电弧的弧柱中出现了大量导电粒子的缘故，触头之间仍有电流通过，电路实际上仍处于接通状态。只有当开关的动、静触头之间的电弧完全熄灭之后，电路才算真正断开。

一、电弧的产生

电弧实际上是一种气体放电的现象，是在某些因素作用下，气体强烈游离、由绝缘变为导通的过程。电弧形成后，由电源不断的输送能量，维持它燃烧，并产生很高的温度。电弧燃烧时，中心区域温度可达到 10000K 以上，表面温度也有 3000～4000K。如果电弧较长时间不能熄灭，将会引起电器被烧毁爆炸，危及电力系统运行安全，甚至造成人员的伤亡。

1. 碰撞游离形成电弧

开关触头间隙中的自由电子，包括阴极表面发射出的电子和弧隙中原有的少数电子，在强电场的作用下向阳极高速运动，这时候自由电子与触头的间隙中的介质发生碰撞，使原中性质点游离出正负离子和自由电子，这种现象称为碰撞游离。这种碰撞是雪崩式的，形成大量的正离子和自由电子，形成电弧通道。

2. 热游离维持电弧

电弧形成后，弧柱中的温度很高。在高温的作用下，介质点不规则热运动加剧。在运动中又会游离出更多的正离子和自由电子，这种现象称为热游离。

二、电弧的熄灭

若要使电弧熄灭，就必须使去游离作用大于游离。如果去游离的强度大于游离的强度，弧隙中导电质点数目减少，电导下降，电弧越来越弱，弧柱温度下降，使热游离停止或下降，最终导致电弧熄灭。去游离的方式主要有两种：一种是中和；另一种是扩散。中和是正离子和自由电子结合成中性质点；扩散是参与电弧形成的带电颗粒扩散到电弧以外空间，不参与电弧的形成和维持。

交流电弧电流半周期（0.01s）均通过一次自然过零值，此时电源停止向弧隙输入能量，热游离强度下降，这有利于交流电弧的熄灭。很多灭弧的高压开关正是利用这有利时机，采用有效的措施加速弧柱的冷却，使其热游离减弱，去游离加强，最终熄灭电弧。

三、开关电器中熄灭交流电弧的基本方法

在电气设备的运行中，常常会采用下列几种方法灭弧：

（1）速拉灭弧法。迅速拉长电弧，可使弧隙的电场强度骤降，离子的复合迅速增强，从而加速电弧的熄灭。

（2）冷却灭弧法。通过降低电弧的温度，使电弧中的高温游离减弱，正负离子的复合增强，使电弧加速熄灭。

（3）吹弧法。利用外力（如气流、油流或电磁力）来吹动电弧，使电弧加速冷却，同时拉长电弧，降低电弧中的电场强度，使离子的复合和扩散增强，从而加速电弧的熄灭。这种熄灭电弧方法的灭弧能力不是很强，灭弧速度也不快，一般用于中低电压的电路开关中。

（4）长弧切短灭弧法。由于电弧的电压降主要降落在阴极和阳极上，其中阴极电压降又比阳极电压降大得多，而电弧的中间部分（弧柱）的电压降是很小的。因此如果利用金属片将长弧切割成若干短弧。当外施电压小于电弧上的电压降时，则电弧不能维持而迅速熄灭。利用电磁将触头间电弧快速吸入钢灭弧栅，钢片对电弧还有一定的冷却降温作用，加速电弧的熄灭。

（5）粗弧分细灭弧法。将粗大的电弧分成若干平行的细小电弧，使电弧与周围介质的接触面增大，改善电弧的散热条件，降低电弧的温度，从而加速电弧中离子的复合和扩散都得到加强，使电弧加速熄灭。

（6）狭沟或狭缝灭弧法。利用电动力吹向电弧使电弧进入绝缘栅片内，使电弧在固体介质所形成的狭沟中燃烧，改善了电弧的冷却条件，同时由于电弧与介质表面接触使带电质点复合大大增强，从而加速电弧的熄灭。例如熔断器熔管内充填石英砂，其目的是为了增强熔断器的灭弧能力。石英砂具有较高的导热性和绝缘性能，并且与电弧有很大的接触

面积，便于吸收电弧能量，因此能使电弧迅速冷却。

（7）真空灭弧法。真空具有较高的绝缘强度。如果将开关触头装在真空容器内，由于触头形状和结构的原因，在触头分断时其间产生的电弧一般较小，真空电弧柱迅速向弧柱以外的真空区域扩散而被分断。触头间电弧的温度和压力急剧下降，使电弧不能继续维持而熄灭。电弧熄灭后的几微秒内，两触头间的真空间隙耐压水平迅速恢复，同时，触头间也达到了一定距离，能承受很高的恢复电压。

（8）六氟化硫灭弧法。由于六氟化硫（SF_6）具有优良的绝缘性能和灭弧性能，其绝缘强度约为空气的 3 倍，其绝缘强度恢复的速度约比空气快 100 倍，因此采用 SF_6 来熄灭电弧可以大大提高开关的断流容量和缩短灭弧时间。灭弧原理是：当短路开始，电信号反馈到脱扣器，使开关分闸。在断路器分断电路的瞬间，动触头和静触头之间就产生了电弧，绕在圆筒电极外而串联在静触头与圆筒电极之间的磁吹线圈通过短路电流，产生磁场，电磁力驱使电弧高速旋转，电弧的高速旋转使得其离子不断地与新鲜的 SF_6 气体接触，以充分发挥 SF_6 的负电性，从而迅速地熄灭电弧。SF_6 检漏仪如图 2-1 所示。

图 2-1　SF_6 检漏仪

以上介绍的灭弧方法各有优缺点，在不同的场合应根据具体情况选用不同的开关电器来灭弧，或者同时利用几种不同的灭弧方法来达到迅速灭弧。

四、触头

两个或两个以上导体，以其接触使导电回路连续，其相对运动可以分、合导电回路，而在铰链或滑动接触情况下还能维持导电回路的连续性。触头可分为动触头、静触头、主触头、弧触头、对接触头、滑动触头等。

（一）不同电气触头类型

（1）动触头。操作中作运动的触头。

（2）静触头。操作中位置基本不变的触头。

（3）主触头。开关主回路中的触头，在合闸位置时承载主回路的电流。

（4）弧触头。电弧在其上形成的触头。它应与主触头配合动作，以保证主触头免受电弧的伤害。

（5）对接触头。动静触头的相对运动方向基本上与接触表面垂直的一种触头。

（6）滑动触头。动静触头的相对运动方向基本上与接触表面平行的一种触头。

(二) 电气触头的运行

开关电器的触头属于强电流触头范围，如果触头的材料、结构或制造质量不好，触头在工作过程中将会发生严重损坏或因电弧烧蚀而熔焊，对开关设备的可靠运行将无法得到保证。

1. 对触头的要求

运行中对触头的要求主要如下：

1) 长期工作时能承载额定电流，其发热或温升不能超过规定的允许值，且其接触电阻值要相对稳定。

2) 短路状态时应能承载短路电流，触头不发生熔焊、飞溅、气化现象。

3) 关合时能承受且能关合上短路电流，触头不熔焊或烧损。

4) 开断时要求其电磨损小，寿命长。

2. 接触电阻的稳定性

新的开关设备触头接触电阻较小，经过长期运行，触头表面与周围介质中的氧分子起化学作用，或不同金属构成电接触时产生的电化学作用，都将使接触电阻不断增加。为保证触头运行可靠就必须使其接触电阻长期稳定，造成接触电阻不稳定的因素有两个：一是化学腐蚀；二是电化学腐蚀。要防止接触电阻增大，对易氧化腐蚀的金属和不同金属电极表面常采用镀银或锡，或在其接触面涂导电脂，来防止水分进入形成电解液。

知识点三 断 路 器

高压断路器是电力系统最重要的电气设备之一，是结构复杂、功能完善、价格昂贵的一类开关电器，在电力系统中起着至关重要的作用。

一、高压断路器的功能

在系统正常运行时，高压断路器用来将高压设备或高压输电线路接入系统或退出运行，起着控制电路的作用。此时高压断路器切断的是正常电路的负荷电流。

在发生故障时，高压断路器能快速切除设备或故障回路，以保证非故障部分正常运行，使故障设备或故障回路免遭更严重的损坏，防止故障进一步扩大，起到保护作用。

二、高压断路器的基本要求

(1) 工作可靠性。高压断路器应能在一定工作条件下，可靠地长期正常工作。

(2) 具有足够的断路能力。电网在发生短路时产生很大的短路电流，断路器在断开电路时，要有很强的灭弧能力才能可靠断开电路。

(3) 具有尽可能短的切断时间。

(4) 能实现自动重合闸。

(5) 结构简单、易于维护。

三、高压断路器的类型

高压断路器的种类很多，按断路器的安装地点分为户内式和户外式。目前电力系统中比较常用的是 SF_6 和真空断路器。

1. SF$_6$断路器

采用具有优良的灭弧性能和绝缘性能的 SF$_6$气体作为灭弧介质的断路器为 SF$_6$断路器。SF$_6$在常温下是一种无色、无毒、不燃烧的惰性气体，分子量为空气的 5.1 倍，具有良好的绝缘性能和灭弧性能。SF$_6$断路器开断容量大、体积小、噪音小、检修周期长、维修工作量小、运行稳定、安全可靠、使用寿命长，广泛应用于电力系统中。缺点为在不均匀电场中，气体的击穿下降很多，因此对断路器零部件加工要求较高，对断路器的密封性能要求高，对水分与气体的检测与控制要求很严。SF$_6$断路器具有断口耐压高、允许断路次数多、开断性能好、占地面积小等优点。SF$_6$断路器如图 2-2 所示。

图 2-2　SF$_6$断路器

2. 真空断路器

真空断路器为利用真空的高介质强度来实现灭弧的断路器。真空断路器具有灭弧速度

图 2-3　真空断路器外形

快、结构简单、耗材少、开断能力强、维护简单、无爆炸和火灾的危险、使用寿命长体积小等优点，广泛应用于电力系统中。缺点为其真空灭弧室的真空度保持和有效的指标尚待改进、价格较贵、容易产生危险的过电压。真空断路器外形如图 2-3 所示，真空断路器外形尺寸及结构如图 2-4 所示，真空灭弧室结构如图 2-5 所示。

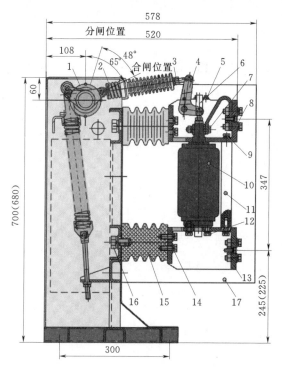

图 2-4　真空断路器外形尺寸及结构

1—主轴；2—触头弹簧；3—接触行程调整螺栓；4—拐臂；
5—导向板；6—导向杆；7—导电夹紧固螺栓；8—动支架；
9—螺栓；10—真空灭弧室；11—绝缘支撑杆；12—真空
灭弧室紧固螺栓；13—静支架；14—螺栓；15—绝缘子；
16—绝缘子固定螺栓；17—绝缘隔板

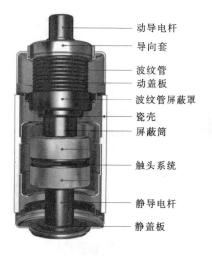

图 2-5　真空灭弧室结构

动导电杆
导向套
波纹管
动盖板
波纹管屏蔽罩
瓷壳
屏蔽筒
触头系统
静导电杆
静盖板

四、高压断路器的技术参数

（1）额定电压。额定电压指断路器长时间运行能承受的正常工作电压。

（2）额定电流。额定电流指断路器在额定容量下允许长期通过的工作电流。

（3）额定开断电流。额定开断电流指在额定电压下，断路器能可靠切断的最大电流。

（4）额定关合电流。额定关合电流指断路器关合短路电流时，其触头不因最大短路电流的电动力使之分开、引起跳动而被电弧熔焊的能力。

（5）动稳定电流。动稳定电流是指断路器在冲击短路电流的作用下，承受电动力的能力。

（6）热稳定电流。热稳定电流是指断路器在某一规定时间范围内运行通过的最大电流。它表明断路器承受短路电流热效应的能力。

（7）合闸时间。从发出合闸命令（合闸线圈通电）起至断路器接通为止所经过的时间，称为断路器的合闸时间。

（8）分闸时间。分闸时间指从发出分闸命令（分闸线圈通电）起至断路器断开三相电弧完全熄灭所经过的时间。一般为 0.06～0.12s。分闸时间小于 0.06s 的断路器，称为快速断路器。

五、高压断路器型号的含义

断路器型号说明如图 2-6 所示。

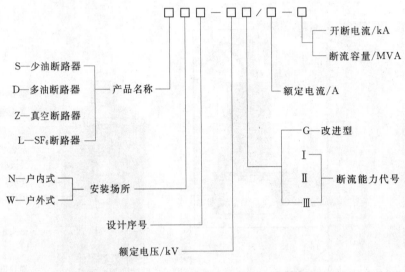

图 2-6　断路器型号说明

六、断路器的操动机构

操动机构是指带动高压断路器传动机构进行合闸和分闸的机构。

1. 对操动机构的基本要求

（1）应具有足够的操作功率。断路器在合闸过程中要克服很大的机械力和电动力。因此，在合闸时，操动机构必须发出足够大的功率。

（2）要求动作迅速。近代高压和超高压断路器全分断时间短到 0.02～0.04s。

（3）要求操作机构工作可靠、结构简单、体积小、重量轻、操作方便。

2. 操动机构的类型

（1）手动式操动机构。特点：靠人力合闸，靠弹簧分闸。一般适用于额定开断电流不超过 6.3kA 的断路器。目前较少采用。

（2）电磁式操动机构。用电磁铁将电能变成机械能作为合闸动力。这种机构结构简单、运行可靠，能用于自动重合闸和远距离操作。

（3）弹簧式操动机构。弹簧式操动机构是一种以弹簧作为储能元件的机械式操动机构，对弹簧的储能是通过电机带动减速装置再经过储能保持系统而实现的。当合闸命令发出时，经合闸线圈的电磁力脱扣储能保持系统，已储能的弹簧释放能量并推动传动系统的运动完成断路器的合闸操作。

（4）液压式操动机构。利用液压航空油介质为能量源，经油泵压缩建立一定的高油压，在工作缸内的活塞间形成压力差来实现断路器分合操作的机构。

（5）气动式操动机构。利用经压缩的干燥空气作为能量源来产生动力推动断路器分合操作，并依靠压缩空气的动力来保持断路器分闸和合闸位置。此种机构结构简单、动作可靠，正得到越来越广泛的应用。

七、断路器的运行维护内容

本书以 SF_6 和真空断路器为例介绍。

1. 熟悉技术文件

（1）断路器大修记录。

（2）断路器操作及故障记录。

（3）断路器重大缺陷记录和处理。

（4）断路器事故处理记录。

2. 断路器正常运行的巡视检查

（1）在有人值班的变电所、升压站每天巡视检查不少于一次。

（2）发电厂和水电站每周巡视检查不少于一次。

（3）无人值班的变电所、升压站每个月巡视检查不少于两次。

3. 巡视检查项目

（1）断路器分合位置指示是否正确。

（2）绝缘体、瓷套有无破损、裂纹及放电痕迹。

（3）各载流部分出线端有无过热。

（4）接地体是否完好。

知识点四　隔　离　开　关

隔离开关是电力系统中常用的开关电器，一般与断路器配套使用，与高压断路器不同的是，隔离开关没有灭弧装置，不能用来接通和切断负荷电流和短路电流，误合误拉隔离开关会在其触头间形成电弧，危及人身和设备的安全。

一、隔离开关的功能

隔离开关的功能主要是隔离电压，其次是用于倒闸操作和分合小电流。

（1）隔离电压。在检修电气设备时，断路器切断设备所在回路电流后，隔离开关将被检修的设备与电源电压隔离。隔离开关在断开时其触头完全暴露在空气中，有明显可见的断点，用以保证检修人员的安全。

（2）倒闸操作。通过断路器和隔离开关的配合操作来改变系统的运行方式。

（3）分合小电流。一般情况下，可用隔离开关分合避雷器、电压互感器和空载母线，分合励磁电流不超过 2A 的空载变压器，关合电容电流不超过 5A 的空载线路。

二、隔离开关的类型及型号说明

隔离开关根据极对数分为单极和三极；根据安装地点可分为屋内型和屋外型；根据触头运动方式分水平回转式、垂直回转式、伸缩式（即折架式）三种。隔离开关还可分为带接地刀闸和不带接地刀闸两种。按其绝缘支柱结构的不同可分为单柱式隔离开关、双柱式隔离开关、三柱式隔离开关。隔离开关的操动机构可分为电动机操动机构、手动操动机构。户内式隔离开关结构图与实物图如图2-7所示。

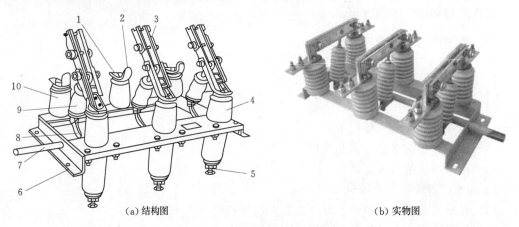

(a)结构图　　　　　　　　　　　(b)实物图

图2-7　户内式隔离开关结构图与实物图

1—上接线端子；2—静触头；3—闸刀；4—套管绝缘子；5—下接线端子；6—框架；7—转轴；
8—拐臂；9—升降绝缘子；10—支柱绝缘子

户外式高压隔离开关如图2-8所示。

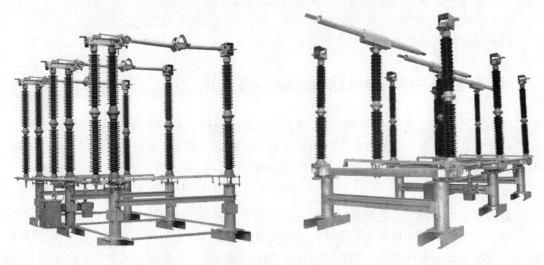

图2-8　户外式高压隔离开关

隔离开关型号说明如图2-9所示。

三、隔离开关的操作原则

（1）操作隔离开关之前，应检查与隔离开关连接的断路器确实处在断开位置，以防带负荷拉、合隔离开关。

（2）手动拉、合隔离开关时，应按慢-快-慢的过程进行。

（3）隔离开关手动拉闸操作完毕，应锁好定位销子，防止滑脱引起带负荷关合电路或

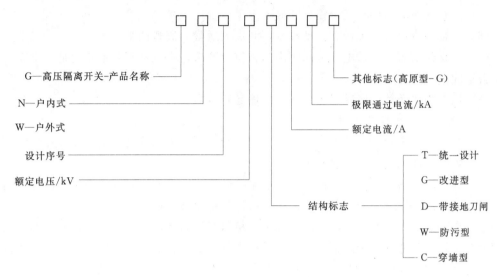

图 2-9 隔离开关型号说明

带地线合闸。

（4）巡视检查隔离开关时，应重点检查隔离开关每相触头接触是否紧密，并检查绝缘子的清洁度，本体机械部分有无变形，引线有无松动和烧伤，操动机构各部件是否完好无缺。

四、隔离开关技术参数

（1）额定电压：隔离开关长期运行时承受的工作电压。

（2）最高工作电压：由于电网存在波动，隔离开关所能承受的超过额定电压的电压。

（3）额定电流：隔离开关可以长期通过的工作电流，由电流所产生的热量不超过允许值。

（4）热稳定电流：隔离开关在某规定时间内，允许通过的最大电流。

（5）极限通过电流峰值：隔离开关所能承受的最大瞬时冲击短路电流。

五、隔离开关的运行与维护

1. 运行检查内容

（1）检查隔离开关接触部分的温度是否过热。

（2）检查绝缘子有无破损、裂纹及放电痕迹，绝缘子在胶合处有无脱落迹象。

（3）检查隔离开关刀片锁紧装置是否完好。

2. 隔离开关维护项目

（1）清扫瓷件表面的尘土，检查瓷件表面是否掉釉、破损，有无裂纹和闪络痕迹，绝缘子的铁、瓷结合部位是否牢固，若破损严重，应进行更换。

（2）用汽油擦净刀片、触点或触指上的油污，检查接触表面是否清洁，有无机械损伤、氧化和过热痕迹及扭曲、变形等现象。

（3）检查触点或刀片上的附件是否齐全，有无损坏。

（4）检查连接隔离开关和母线、断路器的引线是否牢固，有无过热现象。

（5）检查软连接部件有无折损、断股等现象。

（6）检查并清扫操作机构和传动部分，并加入适量的润滑油脂。

（7）检查传动部分与带电部分的距离是否符合要求；定位器和制动装置是否牢固，动作是否正确。

（8）检查隔离开关的底座是否良好，接地是否可靠。

3. 防止隔离开关错误操作

（1）在隔离开关和断路器之间应装设机械联锁，通常采用连杆机构来保证在断路器处于合闸位置时，使隔离开关无法分闸。

（2）利用断路器操作机构上的辅助触点来控制电磁锁，使电磁锁能锁住隔离开关的操作把手，保证断路器未断开之前，隔离开关的操作把手不能操作。

（3）在隔离开关与断路器距离较远而采用机械联锁有困难时，可将隔离开关的锁用钥匙存放在断路器处或在该断路器的控制开关操作把手上，只能在断路器分闸后，才能将钥匙取出打开与之相应的隔离开关，避免带负荷拉闸。

（4）在隔离开关操作机构处加装接地线的机械联锁装置，在接地线未拆除前，隔离开关无法进行合闸操作。

（5）检修时应仔细检查带有接地刀的隔离开关，确保主刀片与接地刀片的机械联锁装置良好，在主刀片闭合时接地刀应先打开。

知识点五　高压熔断器

熔断器是一种最简单和最早使用的保护电器，它串接在电路中，当电路发生短路或过负荷时，熔断器自动断开电路，使其他电气设备得到保护。熔断器分为低压熔断器和高压熔断器。

一、高压熔断器的基本结构

熔断器主要由金属熔件（也叫熔体）、支持熔体的载流部分和外壳构成。有些熔断器内还装有特殊的灭弧介质，如产气纤维管、石英砂等，用来熄灭熔断时形成的电弧。

熔件是熔断器的主要部件。要求熔件的材料熔点低、导电性能好、不容易氧化和易于加工。一般用铅锡合金、锌、铜、银等金属材料。

二、熔断器工作原理

熔断器是串联在电路中使用的，安装在被保护设备或线路的电源侧，当电路电流增加到一定数值时，熔断器中熔体达到熔点熔断使电路断开，设备得到了保护。

熔断器工作过程可分为四个阶段：

（1）熔断器的熔件因过载或短路而加热到熔化温度。

（2）熔件的熔化和气化。

（3）触头之间的间隙击穿和产生电弧。

（4）电弧熄灭、电路被断开。

三、熔断器型号说明

熔断器型号说明如图2-10所示。

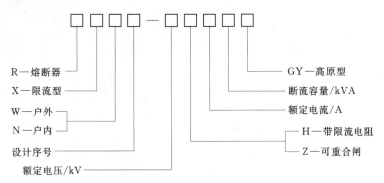

R—熔断器
X—限流型
W—户外
N—户内
设计序号
额定电压/kV

GY—高原型
断流容量/kVA
额定电流/A
H—带限流电阻
Z—可重合闸

图2-10 熔断器型号说明

四、高压熔断器的结构及分类

高压熔断器根据使用环境分户外式和户内式；根据熄弧方式分为角壮式（大气中熄弧）、石英砂填料、喷射式、真空式；根据结构形式分为插入式、母线式、跌落式、非跌落式、混合式；根据熔断器极数分单极式、三极式。跌落式熔断器结构如图2-11所示。

RM10型无填料封闭管式熔断器如图2-12所示。熔断器实物如图2-13所示。

五、高压熔断器运行维护注意事项

（1）户内型熔断器瓷管的密封是否完好，导电部分与固定底座静触头的接触是否紧密。

（2）户外型熔断器的导电部分接触是否紧密，弹性上触头的推力是否有效，熔体本身有否损伤，绝缘管有否损坏受潮和变形。

（3）检查瓷绝缘部分有无损伤、裂纹和放电痕迹。

（4）检查所有与系统连接部位是否松动，有无放电现象。白天巡视应用耳细听有无嘶嘶放电声，夜间巡视可观察有无放电的蓝色火花。

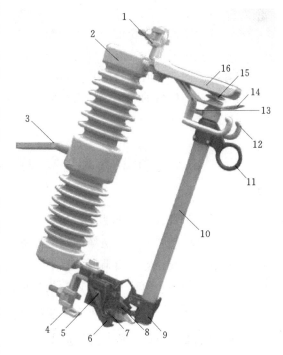

图2-11 跌落式熔断器结构
1—上接线端子；2—绝缘子；3—固定安装板；4—下弯板；5—U形弹簧；6—钩架；7—胀销；8—耳轴；9—管套支架；10—熔管；11—操作拉环；12—负荷开断拉钩；13—定位销；14—上电极片；15—圆柱弹簧；16—防冰罩

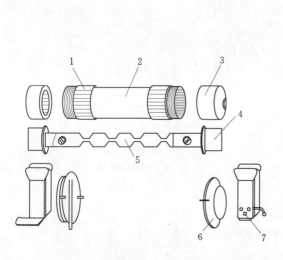

图 2-12 RM10 型无填料封闭管式熔断器
1—黄铜圈；2—绝缘纸管；3—黄铜帽；4—插刀；
5—熔体；6—特种垫圈；7—刀座

图 2-13 熔断器实物图

（5）检查熔断器的额定值与熔体的配合和负荷电流是否相适应。

（6）跌落式熔断器的安装角度有无变动，分、合操作是否灵活，熔管上端口的磷铜膜片是否完好，紧固熔体时应将膜片压封住熔断管上端口，以保证灭弧性能。熔管正常时不应发生受力展动而掉落的现象，而当熔体熔断时则应迅速掉落，以形成明显的隔离间隙，上下触头应对准。

知识点六 高压负荷开关

一、高压负荷开关的基本功能

高压负荷开关是开合线路负荷的开关电器，有时还可用于切断与关合空载线路、空载变压器以及电容器线路等。负荷开关只能开合负荷电流，不能切断短路电流。通常负荷开关和熔断器配合使用，负荷开关来切断线路正常的负荷电流，熔断器切断线路故障时的短路电流。负荷开关如图 2-14 所示。

二、高压负荷开关的分类及工作原理

1. 高压负荷开关的分类

从安装地点分为户内型和户外型。按灭弧方式分为产气式、压气式、压缩空气式、油浸式、真空式、SF_6 式等。

2. 高压负荷开关的工作原理

以压气式负荷开关为例说明，高压负荷开关分闸时产生电弧，利用分闸时主轴带活塞压缩空气，使压缩空气从喷嘴中高速喷出以吹熄电弧，负荷开关分断电路。

图 2-14　负荷开关

知识点七　重合器和分段器

随着近些年我国电力工业的快速发展和改造，配电网络已经逐步实现自动化。自动重合器和自动分段器是实现配电网络自动化的重要开关设备。当重合器和分段器与配电网的其他设备配合时，能够起到自动隔离线路中故障区域的作用。

一、重合器与分段器的一般知识

自动重合器简称重合器，是一种具有保护和自具功能（即本身具备故障电流检测和操作顺序控制与执行功能，无需提供附加继电保护和操作装置）的配电开关设备；它能够自动检测通过重合器主回路的电流，故障时按反时限保护自动开断故障电流，并依照预定的延时和顺序进行多次地重合。CHZ1-12 自动重合器如图 2-15 所示。

图 2-15　CHZ1-12 自动重合器

图 2-16　FDZ7 真空自动分段器

分段器是一种与电源侧上级开关设备相配合，在无电压或无电流的情况下自动分闸的开关设备。它串联于重合闸器或者断路器的负荷侧，当发生永久性故障时，在其预定的"记忆"次数或者分合操后闭锁于分闸状态而将故障线路段隔离，由重合器或者断路器恢复对电网其他部分供电，使故障导致的停电范围限制到最小。当发生瞬时性故障或故障已被解除时，分段器将保持在合闸状态，保证线路的正常供电。FDZ7 真空自动分段器如图 2-16 所示。

知识扩展：

反时限保护是被保护设备故障时，故障电流（或称短路电流）越大，继电保护的延时越小，即短路电流与动作时间成正比。

二、重合器和分段器的类型

1. 重合器和分段器分类

重合器按相数分有单相、三相式；按安装方式分有柱上型、水下型、地面型、地下型；按液压控制分类可分为单液压系统和双液压系统。电子控制式有分立元件电路和集成电路两种。按灭弧介质分，重合器分为油、真空、SF_6 三类。

2. 故障识别与恢复方案

重合器和分段器按识别故障原理不同，可分为电流-时间型、电压-时间型两种。

在电流-时间型中，重合器在故障电流跳闸后能重合，它既能做保护跳闸用，又能实现 1~3 次重合，而分段器不能开断短路电流，但具有"记忆"前级开关设备开断故障电流动作次数的能力。

在电压-时间型中，重合器是线路失压分闸，来电后延时重合闸，它多用在环网中，作为联络重合器；而分段器是凭借加压或失压的时间长短来控制其动作，失压后分闸，加压后合闸或闭锁。

三、重合器和分段器的构成

重合器和分段器主体结构基本相似，由本体、机构和控制三部分组成。

1. 本体部分

本体部分包括灭弧室、进出线套管和外壳三部分组成。灭弧室里的介质可以是油、真空和 SF_6 三类；进出线套管可以是瓷套管、环氧树脂固封套管、硅橡胶复合绝缘套管；外壳一般采用钢板、不锈钢或铝板等拼装而成。

2. 机构部分

机构部分主要包括操动机构、合闸装置和分闸装置。操动机构有电磁机构、弹簧机构和永磁机构三种。

3. 控制部分

控制部分主要由操作、控制电源和控制装置组成。它是重合器和分段器的"大脑"，各种功能设置和指令都要由它发出。

知识扩展：

永磁机构在开关电器上的应用为永磁操动机构，主要由永久磁铁和分、合闸控制线圈等部分组成，是用永磁体去实现真空断路器合闸保持和分闸保持的一种新型的电磁操动机构。目前永磁操动机构的永磁普遍采用钕硼稀土材料制成，钕铁硼永磁体在受到强烈机械冲击、高温和反向磁场作用时均可能部分或全部退磁。当温度高于120℃时，钕铁硼的磁性才会下降，但是一般情况下操动机构不会出现这样高的温度。永磁操动机构中的机械冲击对钕铁硼永磁体来说是可以承受的，所以永磁体的退磁问题，并不影响它在永磁操动机构中实际应用。

永磁操动机构特点如下：

（1）通过双线圈分别控制分、合闸操作，即合闸线圈只控制合闸操作，分闸线圈只控制分闸操作，提高机构的可靠性。

（2）采用全新的磁路设计，增大了分、合闸的保持力，减小分、合闸时对线圈电流的要求，降低了能耗。

（3）机构的下部支座设计有联动轴，可保证分合闸操作时三相同期性，控制了首开相燃弧时间（1ms内）。

（4）机构的机械寿命可高达10万次，与传统的电磁机构和弹簧机构相比，机械寿命至少提高了3倍以上。

（5）机构是通过动铁芯与主轴传动拐臂相连直接驱动动触头的，简化了传动链，无需机械脱、锁扣装置，减少了故障源等。

思 考 题

1. 电力系统短路有哪些种类？哪些属于不对称短路？
2. 电力系统发生短路的原因和危害有哪些？
3. 灭弧装置（室）的主要作用是什么？
4. 高压断路器具有哪几种基本功能？
5. 负荷开关与断路器有什么区别？

模块三　互感器、载流导体的运行及维护

互感器包括电流互感器和电压互感器，是一次系统和二次系统之间的联络元件，将一次侧高电压、大电流变成二次侧标准的低压（100V 或 $\frac{100}{\sqrt{3}}$ V）或小电流（5A 或 1A），使二次电路正确反映一次系统的正常运行和故障情况，互感器是一种特殊的变压器，其一次、二次绕组与系统的连接方式如图 3-1 所示。

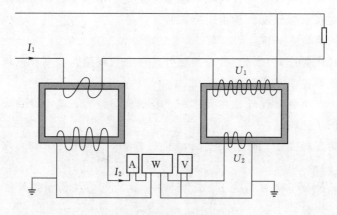

图 3-1　互感器与系统的连接方式

电流互感器 TA 用于各种变压器等级的交流装置中，其一次绕组串联于被测量电路内，二次绕组与二次测量仪表或继电器的电流线圈串联相连。电压互感器 TV 一次绕组与一次被测电力网相并联，二次绕组与一次绕组测量仪表和继电器的电压线圈并联连接。

互感器的使用在技术方面、经济方面、安全方面起着不可替代的作用。

1. 技术方面

（1）一次系统的高电压、大电流不可能引入到控制室，且一次测量仪表和继电器不可能做成高电压、大电流式的，只有通过互感器实现电压、电流的转换，才能实现对一次系统的测量和保护作用。

（2）易实现自动化和远动化。

2. 经济方面

使二次测量仪表和继电器标准化和小型化、结构轻巧、价格便宜。可采用低电压、小截面的电缆、屏内布线简单、安装调试方便，降低造价。

3. 安全方面

（1）互感器使测量仪表和继电器等二次设备与高压的一次系统隔离，且互感器二次侧接地，保证了人身安全和设备的安全。

（2）一次系统发生短路时，能够保护测量仪表和继电器免受大电流的损害，保证了设

备的安全。

知识点一　电 流 互 感 器

一、电流互感器的工作特点

1. 电流互感器的工作原理

电流互感器的工作原理与普通变压器相似，是按电磁感应原理工作。当一次侧通过电流 I_1 时，在铁芯中产生交变磁通，此磁通穿过二次绕组，产生电动势，在二次回路中产生电流 I_2。

电流互感器的一次、二次额定电流之比称为额定电流比，用 K 表示。

$$K = I_1 / I_2$$

可得

$$K I_2 = I_1$$

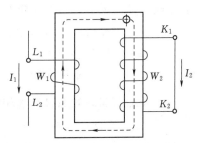

图 3-2　电流互感器工作原理

可得出结论：测量出的二次电流 I_2，乘以额定电流比 K 即可得到一次侧实际电流 I_1。电流互感器工作原理图如图 3-2 所示。

2. 电流互感器的特点

（1）一次电流大小取决于一次负载电流，与二次电流大小无关。因为一次绕组串联于被测电路中，匝数很少，阻抗小，对一次负载电流的影响可忽略不计。

（2）正常运行时，二次绕组近似于短路工作状态。由于二次绕组的负载是测量仪表或继电器的电流线圈，阻抗很小，因此相当于短路运行。

（3）运行中的电流互感器二次回路不允许开路运行，否则会在开路的两端产生高电压危及人身安全，或使电流互感器发热损坏。

二、电流互感器的测量误差及影响误差的运行因素

由于电流互感器本身存在励磁的损耗和饱和，使测量出来的二次电流与实际一次电流在大小和相位上都不可能完全相等，即测量结果存在误差，通常用电流误差（比差）和相位误差（角差）表示。

1. 电流误差

电流误差 $\Delta I\%$：二次电流的测量值乘以额定电流比所得一次电流的近似值与实际一次电流之差占一次电流的百分数，即

$$\Delta I\% = \frac{K_i I_2 - I_1}{I_1} \times 100\%$$

2. 相位误差

相位差是二次电流反转 180° 后与一次电流的相角之差。二次电流相量反转 180° 后超前于一次电流相量时，相位差为正值，通常以"分"或"厘弧度"表示。电流互感器相位误差如图 3-3 所示。

$$1 \text{ 弧度(rad)} = 100 \text{ 厘弧度(crad)} = 3438 \text{ 分(')}$$

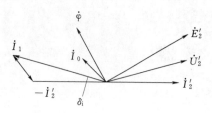

图 3-3 电流互感器相位误差

3.影响误差的运行因素

电流互感器的测量误差与一次运行电流和二次负荷有关。

（1）一次电流 I_1 的影响。一次侧电流比一次额定电流小很多时，由于 I_1N_1 较小，不足以建立激磁，则误差较大；当一次电流增大至一次额定电流附近时，电流互感器运行在设计的工作状态，误差较小；当一次电流增大，大大超过一次额定电流时，I_1N_1 很大，使磁路饱和，其误差很大。为此，正确使用电流互感器，应使其一次实际运行电流与一次额定电流相配套。

（2）二次负载的影响。如果一次电流不变，则二次负载阻抗 Z_2 及其功率因数 $\cos\varphi_2$ 直接影响误差的大小。当二次负载阻抗 Z_2 增大时，二次输出电流将减小，即 I_2N_2 下降，对一次的去磁程度减弱，电流误差和相位误差都会增加；当二次功率因数角 φ_2 变化时，电流误差和相位误差会出现不同的变化。因此要保证电流互感器的测量误差不超过规定值，应将其二次负载阻抗和功率因数限制在相应的范围内。

三、电流互感器的准确度级和额定容量

1.电流互感器的准确度级

电流互感器测量误差可以用其准确度级来表示，根据测量误差的不同，划分出不同的准确级。准确度是指在规定的二次负荷变化范围内，一次电流为额定值时最大电流误差。电流互感器准确度级见表 3-1。

表 3-1 电流互感器准确度级

标准准确度	在下列额定电流时/%	误差限值		使用条件
		电流误差/%	相位误差/(′)	
0.1	120	±0.1	±5	
	100	±0.1	±5	
	20	±0.2	±8	
	5	±0.4	±15	
0.2	120	±0.2	±10	
	100	±0.2	±10	
	20	±0.4	±15	
	5	±0.8	±30	
0.5	120	±0.5	±30	在额定频率下，二次负荷在额定的 50%～100%的范围内
	100	±0.5	±30	
	20	±0.8	±45	
	5	±1.5	±90	
1	120	±1	±60	
	100	±1	±60	
	20	±1.5	±90	
	5	±3	±180	
3	120	±3		
	50	±3		
5	120	±5		
	50	±5		

我国电流互感器国标规定：测量用电流互感器有 0.1、0.2、0.5、1、3、5 六个准确度级；保护用电流互感器按用途可分为稳态保护用（P）和暂态保护用（TP）两类．一般0.1 级、0.2 级主要用在于实验室精密测量和供电容量超过一定值（100kW·h）用户。0.5 级可用于收费的电度表；0.5 级、1 级用于发电厂变电站。3 级、5 级的电流互感器用于一般的测量和某些继电保护上；稳态保护用 5P 和 10P 级，用于继电保护。

2. 电流互感器的额定容量

电流互感器在二次额定电流和额定阻抗下运行时，二次绕组输出的容量，即

$$S_{2N} = I_{2N}^2 Z_{2N}$$

四、电流互感器的接线

1. 电流互感器的极性

电流互感器在交流回路中使用，在交流回路中电流的方向随时间在改变。电流互感器的极性指的是某一时刻一次侧极性与二次侧某一端极性相同，即同时为正或同时为负，称此极性为同极性端或同名端。按照规定，电流互感器一次线圈首端标为 P1，尾端标为P2；二次线圈的首端标为 S1，尾端标为 S2。在接线中 P1 和 S1 称为同极性端，P2 和 S2也为同极性端。

2. 电流互感器的接线

电流互感器的二次侧接测量仪表、继电器及各种自动装置的电流线圈。接线方式如图3-4 所示。

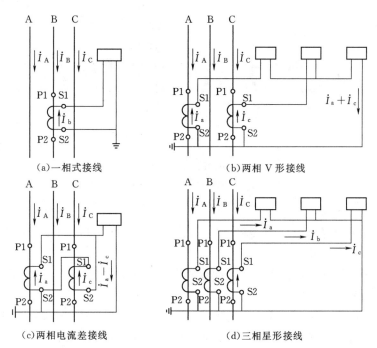

图 3-4　电流互感器接线形式

（1）一相式接线。该接线方式中电流线圈通过的电流，反映一次电路相与相的电流。通常用于负荷平衡的三相电路如低压动力线路中，供测量电流、电能或接过负荷保护装置之用。

（2）两相 V 形接线。该接线方式也称为两相不完全星形接线。在继电保护装置中称为两相三继电器接线。在小电流接地系统的三相三线制电路中，广泛用于测量三相电流、电能及作过电流继电保护之用。两相 V 形接线的公共线上的电流 $\dot{i}_a + \dot{i}_c = -\dot{i}_b$ 反映的是未接电流互感器那一相的相电流。

（3）两相电流差接线。在继电保护装置中，此接线也称为两相单继电器接线。该接线方式适于中性点不接地的三相三线制电路中，作过电流继电保护之用。此种接线方式电流互感器二次侧公共线上的电流量值为相电流的 $\sqrt{3}$ 倍。

（4）三相星形接线。这种接线方式中的三个电流线圈，正好反映各相的电流，广泛用在负荷不平衡的三相四线制系统或三相三线制系统中，作三相电流、电能测量及过电流继电保护之用。

五、电流互感器的结构和分类

1. 电流互感器的结构

电流互感器的基本组成部分是绕组、铁芯、绝缘物和外壳。电流互感器结构原理图如图 3-5 所示。

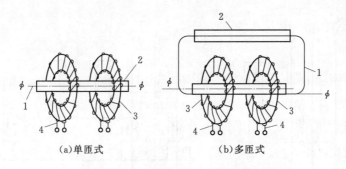

图 3-5　电流互感器结构原理图

1—一次绕组；2—绝缘套管；3—铁芯；4—二次绕组

2. 电流互感器的分类

（1）按安装地点可分为户内式和户外式。一般 20kV 及以内的采用户内式的，35kV 的电压等级中采用户外式。

（2）按绝缘可分成干式、浇注式、油浸式、串级式、电容式等。干式用绝缘胶浸渍，用于低压的屋内配电装置中。

（3）按安装方式可分为支持式、装入式和穿墙式等。支持式安装在平面和支柱上，装入式（套管式）可以节省套管绝缘子而套装在变压器导体引出线穿出外壳处的油箱上；穿墙式主要用于室内墙体上，可兼做导体绝缘和固定设施。

（4）按一次绕组的匝数可分为单匝式和多匝式。

六、电流互感器的型号

常用电流互感器的型号表达方式大体如下：

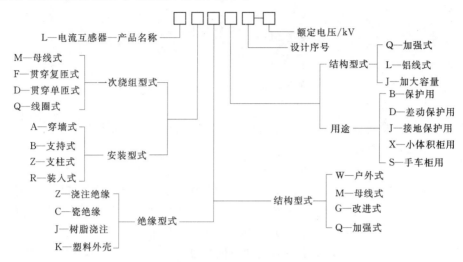

知识点二　电 压 互 感 器

一、电压互感器的工作原理

电压互感器与普通变压器相同，结构原理和接线也很相似，但二次电压低（100V 或 $\frac{100}{\sqrt{3}}$V）容量小，只有几十伏安或几百伏安，且多数情况下它的负荷是恒定的。电压互感器工作原理如图 3-6 所示。

电压互感器的一次绕组的额定电压和二次绕组的额定电压之比称为电压互感器的额定电压比，用 K 表示，在忽略励磁损耗的情况下，就等于一、二次绕组的匝数之比，则 $K = \frac{U_1}{U_2} \approx \frac{W_1}{W_2}$。

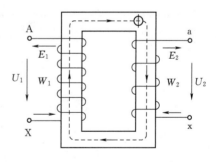

图 3-6　电压互感器工作原理

二、电压互感器的工作特点

（1）电压互感器的一次侧电压决定于一次电力网的电压，不受二次负载的影响。

（2）正常情况下，电压互感器运行时，其二次绕组近似于工作在开路状态下。电压互感器的二次绕组所接的负载是测量仪表、继电器的电压线圈，匝数多、电抗大，通过的电流很小，二次绕组接近空载运行。

（3）运行中的电压互感器二次侧绕组不允许短路。运行中电压互感器二次侧短路时，将产生很大的短路电流损坏电压互感器。为了保护二次绕组，一般在二次侧出口处安装熔断器用于过载或短路保护。

三、电压互感器的误差及影响误差运行的因素

由于电压互感器本身存在励磁电流和内阻抗，使测量出来的二次电压与实际的一次电

压在大小和相位上不可能完全相等，即存在着误差，用电压误差（比差）和相位误差（角差）表示。

1. 电压误差（比差）

$$电压误差\ \Delta U\% = \frac{KU_2 - U_1}{U_1} \times 100\%$$

2. 相位误差（角差）

旋转 180° 后的二次电压与一次实际电压之差，占实际电压的百分数。

3. 影响误差的运行因素

电压互感器的测量误差除互感器本身铁芯、绕组的质量外，运行中主要决定于一次电压和二次电压负载等参数。

（1）一次电压的影响。电压互感器的运行电压离额定电压偏离过远，电压互感器的误差会增大。因此使用电压互感器，应使电压互感器额定电压与电网的额定电压相适应。

（2）二次负载的影响。如果一次电压不变，则二次负载阻抗及其功率因数直接影响误差的大小。当所带的负荷过多，二次负载阻抗下降，二次电流增大，在电压互感器绕组上的电压降上升，使误差增大；二次负载的功率因数过大或过小时，除影响电压误差外，角误差也相应地增大。

四、电压互感器的准确度级和额定容量

1. 电压互感器的准确度级

电压互感器的测量误差，用其准确度级来表示。电压互感器的准确度级，是指在规定的一次电压和二次电压负荷变化范围内，负荷功率因数为额定值时电压误差的最大值。电压互感器误差限值见表 3-2。

表 3-2　　　　　　　　　　　　电压互感器误差限值

用途	准确级	误差限值			适用运行条件			
		电压误差 /%	相位差		电压 /%	频率范围 /%	负荷 /%	负荷功率因数
			min	crad				
测量	0.1	±0.1	±5	±0.15	80～120	99～101	25～100	0.8（滞后）
	0.2	±0.2	±10	±0.3				
	0.5	±0.5	±20	±0.6				
	1.0	±1.0	±40	±1.2				
	3.0	±3.0	未规定	未规定				
保护	3P	±3.0	±120	±3.5	5～150 或 5～190	96～102		
	6P	±6.0	±240	±7.0				
剩余绕组	6P	±6.0	±240	±7.0				

注 1. 括号内数值适用于中性点非有效接地系统用电压互感器。

　　2. 当二次绕组同时用于测量和保护时，应对该绕组标出其测量和保护等级及额定输出。

电压互感器的测量精度有 0.2、0.5、1、3、3P、6P 共六个准确度级，同电流互感器一样，误差过大，影响测量的准确性，或对继电保护产生不良的影响。0.2、0.5、1 级的

使用范围同电流互感器，3级用于某些测量仪表和继电保护装置，保护用的电压互感器用3P或6P。

2.电压互感器的额定容量

电压互感器的误差与二次负荷有关，因此每个准确度级都对应一个额定容量，但一般来说电压互感器的额定容量是指最高准确度级下的额定容量。

五、电压互感器结构与分类

1.电压互感器结构

JCC1-110型电压互感器结构如图3-7所示。

2.电压互感器分类

（1）按安装地点分类，分为户内式和户外式。

（2）按相数分为单相式和三相式。

（3）按绕组数分为双绕组和三绕组式。三绕组有两个二次绕组：基本二次绕组和辅助二次绕组。辅助二次绕组供接地保护用。

（4）按绝缘可分为干式、浇注式、油浸式、串级油浸式和电容式等。

六、电压互感器的接线方式

在三相电力系统中，通常需要测量的电压有线电压、相电压、相对系统中性点电压以及系统发生接地故障时零序电压。为了测量这些电压，列出几种常见的电压互感器的接线方式，如图3-8所示。

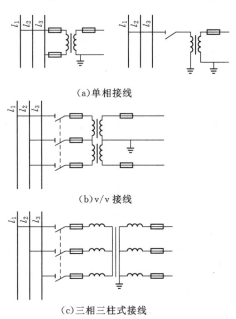

图3-7 JCC1-110型电压

互感器结构

1—储油柜；2—瓷柜；3—上柱绕组；

4—隔板；5—铁芯；6—下柱绕组；

7—支撑绝缘板；8—底座

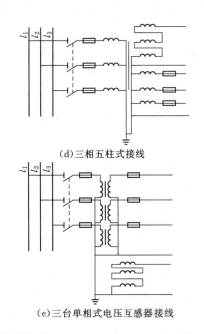

（a）单相接线

（b）v/v 接线

（c）三相三柱式接线

（d）三相五柱式接线

（e）三台单相式电压互感器接线

图3-8 电压互感器接线方式

如图 3-8 (a)，单相电压互感器接线可测量某一相间电压（35kV 及以下的中性点非直接接地电网）或相对地电压（110kV 及以上中性点直接接地电网）。

如图 3-8 (b)，v/v 接线广泛用于 20kV 及以下中性点不接地或经消弧线圈接地的电网中，测量线电压，不能测相电压。

如图 3-8 (c)，三相三柱式电压互感器接线，只能用于测量线电压，不许用来测量相对地电压。

如图 3-8 (d)，三相五柱式电压互感器接成 YNynd 形接线。其一次绕组、基本二次侧绕组接成星形，且中性点均接地，辅助二次侧绕组接成开口三角形。这种系统用于测量线电压和相电压，还可作为绝缘监察，广泛用于小接地电流系统中。

如图 3-8 (e)，三台单相三绕组电压互感器接成 YNynd 形接线，广泛用于 35kV 及以上电网中，可测量线电压、相对地电压和零序电压。

七、新型互感器的发展简介

随着电力的发展，电力网已呈现出大机组、超高压、特高压、远距离输变电的超大容量电力系统的格局。目前，数字技术已覆盖电力系统二次的各个领域。过去的电磁式、电动式仪表、继电保护和控制装置，由于绝缘结构的复杂，体积大、成本高、铁芯易饱和、动态响应效果差不能完全满足技术和经济、安全的要求。

新型互感器的发展广泛应用了光电子、光纤通信和数字信号处理技术等新技术。新型互感器由电压、电流变换器、数字信号处理器，以及连接电缆和光缆组成。光电式电压互感器的原理是利用石晶材料的电磁效应和电场效应，将所测电压、电流变换为光信号，经光通道传播，由接收装置进行数字化处理来进行测量的，其中电压和电流的变换是测量系统的关键，按原理的不同，新型电压、电流变换器可分为半常规电压和电流变换器以及光电变换器两种，其中光电变换器最具发展前景。

知识点三　母　　线

一、母线的作用

母线是在发电厂和变电站的配电装置中起汇集、分配和传送电能的导体。母线是构成电气主接线的主要设备。

二、母线的分类及特点

母线按所使用的材料可分为铜母线、铝母线、钢母线。

（1）铜母线电阻率低，机械强度高，抗腐蚀性能好，但储量不多，是一种贵金属，因此，在含有腐蚀性气体或有强烈震动的地区宜采用。

（2）铝母线电阻率约为铜的 1.7～2 倍，重量只有铜的 30%，所以在长度和电阻相同的情况下，铝母线的重量仅为铜的一半，且储量多，价格低，目前我国屋内和屋外配电装置普遍采用铝母线。

（3）钢母线机械强度高，价格便宜。但集肤效应及磁滞损耗和涡流损耗大，因此只用于高压容量小的电路中（例如电压互感器回路及小容量的厂用变压器的高压侧）。

按截面形状可分为矩形母线、圆形母线、槽形母线、管形母线，如图 3-9 所示。

(a)矩形　　　(b)圆形　　　(c)管形　　　(d)槽形

图 3-9　母线分类

(1) 矩形母线一般使用于主变压器至配电室内，在同截面下，周长长，冷却条件好，耗金属少，其优点是施工安装方便，运行中集肤效应小，载流量大，但造价较高。

(2) 圆形母线不易产生电晕现象，所以广泛用于 110kV 及以上的户外配电装置。

(3) 槽形母线电流分布均匀，集肤效应稍好，冷却条件好，金属材料利用率高，当母线电流较大时，每相需要三条及以上的矩形母线才能满足条件时，一般采用槽形母线。

(4) 管形母线是空芯导体，集肤效应小，电晕放电电压高，一般用于 35kV 以上户外配电装置中。

母线还分为软母线和硬母线，软母线包括铝绞线、铜绞线、钢芯铝绞线、扩径空心导线等。软母线用于室外，因空间大，导线有所摆动也不致于造成线间距离不够。软母线施工简便，造价低廉。硬母线多用于电压较低的户内配电装置。

三、母线的布置

母线三相导体排列方式：水平排列、竖直排列、三角形排列。

母线放置法：平放、立放。

安装方式：平装——机械抗弯强度高，对流散热效果差；

　　　　　　立装——对流散热效果好，机械抗弯强度差。

综合布置方式：竖排立放平装、平排平放平装、竖排平放立装、平排立放立装。

四、母线的着色

母线着色可以提高母线的散热能力，母线允许负荷电流提高 12%～15%。为了使工作人员便于识别直流的极性和交流的相别，一般会将母线涂以不同颜色标示。母线着色还可以起到一定的防锈功能。

交流母线：A 相——黄色；B 相——绿色；C 相——红色。

中性线：中性线不接地——白色；接地中性线——紫色带黑色横条。

直流母线：正极——赭色；负极——蓝色。

五、封闭母线

封闭母线按外壳材料可分为塑料外壳和金属外壳封闭母线。按外壳与母线间的结构型式可分为三相式和分相式封闭母线。按外壳与母线间的结构形式可分为不隔相式、隔相式和分相封闭式。

分相封闭式母线的每相导体分别用单独的铝制圆形外壳封闭。根据金属外壳各段的连接方法，又可分为分段绝缘式和全连式两种。目前对于单机容量在 2000MW 以上的大型发电机组，发电机与变压器之间的连接线以及厂用电源和电压互感器等分支线，均采用全连式分相封闭母线。

1. 全连式分相封闭母线的优点

（1）运行可靠性高，不受自然环境和外物的影响。

（2）各相间的外壳相互分开，相间不易短路。

（3）外壳环流的屏蔽作用，显著减小了母线附近钢构中的损耗和发热。

（4）短路电流通过时，由于外壳环流和涡流的屏蔽作用，使母线之间的电动力大为减小，可加大绝缘子间的跨距。

（5）由于母线和外壳可兼作强迫冷却的管道，因此母线的载流量可做到很大。

2. 全连式分相封闭母线的缺点

（1）有色金属消耗约增加 1 倍。

（2）母线功率损耗约增加 1 倍。

（3）母线导体的散热条件较差时，相同截面母线载流量减小。

3. 全连式分相封闭式母线的结构

全连式分相封闭式母线的结构由载流导体、支持绝缘、保护外壳三部分组成：

（1）载流导体。铝制，采用空心结构以减小集肤效应。当电流很大时，还可采用水内冷圆管母线。

（2）支持绝缘子。可采用 1 个或 3 个绝缘子支持。3 个绝缘子支持的结构具有受力好、安装检修方便、可采用轻型绝缘子等优点。一般分相封闭母线都采用 3 个绝缘子支持的结构。

（3）保护外壳。由 5～8mm 的铝板制成圆管形，在外壳上设置检修与观察孔。

知识点四　绝　缘　子

一、绝缘子作用

绝缘子俗称瓷瓶，被广泛应用于户内配电装置及输电线路中，支撑和固定带电导体，并使导体与地绝缘。绝缘子除了在运行中承受导线垂直方向的荷重和水平方向的拉力外，还要经受着日晒、雨淋、气候变化及化学物质的腐蚀。绝缘子质量的好坏对线路的安全运行十分重要，这就要求绝缘子既要有良好的电气性能，又要有足够的机械强度及耐腐蚀性能。

二、绝缘子分类

1. 按装设地点分类

按装设地点分为户内和户外两种。户外式绝缘子具有很大的伞裙，用以增长沿面放电距离，并能阻断雨水，使其在户外恶劣的环境条件下仍能可靠地工作。

2. 按用途分类

（1）电站绝缘子。电站绝缘子可以分为支柱绝缘子和套管绝缘子。主要用来支持和固定硬母线，并使母线与地绝缘。

（2）电器绝缘子。主要用来固定电器的载流部分，分支柱和套管绝缘子。支柱绝缘子用来固定没有封闭外壳的电器载流部分，如隔离开关静触头。套管绝缘子用来将封闭在外壳里的电气设备的载流部分引出外壳。

（3）线路绝缘子。主要用来固定和连接架空输电线路和户外配电装置的软母线，并使它们与接地部分绝缘。架空线路中所用绝缘子，常用的有针式绝缘子、蝶式绝缘子、悬式绝缘子、瓷横担、棒式绝缘子和拉紧绝缘子等。

三、绝缘子的结构

各类绝缘子均由绝缘体和金属配件两部分构成。绝缘子的绝缘体一般采用陶瓷、玻璃、玻璃钢或有机复合材料等材料制成。

绝缘瓷件的外表面涂有一层棕色、白色或天蓝色的硬质瓷釉，以提高绝缘子的绝缘性能和机械性能。

金属配件的作用是把绝缘子固定在与地相接的支架上，以及把载流导体固定在绝缘子上。金属配件与瓷件大多用水泥胶合剂胶合在一起并在表面涂以防潮剂。

四、套管

套管是一种特殊类型的绝缘子，而常用的穿墙套管，在高压硬母线穿过墙壁、楼板配电装置的隔板处，用穿墙套管支持和固定母线并保持对地绝缘，同时保持母线穿过处的墙壁、楼板的密封性能。

套管一般由瓷套、接地法兰及载流导体三部分组成。套管按安装场合可分为户内和户外两种。

五、绝缘子、套管的运行维护

1. 外表检查

在长期的运行中，绝缘子会受到雷击、污秽、鸟害、冰雪、高湿、温差等环境因素的影响；在电气上要承受强电场、雷电冲击电流、工频电弧电流的作用；在机械上要承受长期工作荷载、综合荷载、导线舞动等机械力的作用。运行人员应定期对绝缘子进行检查和维护，检查维护内容主要由以下几个方面：

（1）表面清洁无放电现象。

（2）瓷质部分应无裂纹和破损现象。

（3）瓷质部位是否有放电痕迹和其他异常现象。

（4）金具是否有生锈、损坏、缺少开口销和弹簧销情况。

（5）测量绝缘子的绝缘电阻应满足要求。

（6）检查支持绝缘子铁脚螺钉。

2. 绝缘子的运行维护

当绝缘子、绝缘套管表面脏污时，绝缘性能就会显著下降，会引起闪络产生爬电。为测定污损程度可对绝缘子进行盐分附着量的定期测定，不能超过允许值。

防止绝缘子、绝缘套管受污的措施如下：

（1）清洗绝缘子。一般地区一年清扫一次，脏污地区一年清扫两次。

清扫方式分为停电清扫、不停电清扫、带电水清洗。

停电清扫就是线路停电后工人登杆用抹布擦拭；不停电清扫一般是利用装有毛刷或绑

以棉纱的绝缘杆，在运行线路上擦拭绝缘子；带电水冲洗，分为大水冲和小水冲两种办法。

（2）涂敷硅脂。定期将硅脂涂敷在绝缘子和绝缘套管上。

知识点五　电　力　电　缆

电力电缆是用于传输和分配电能的电缆。敷设在地下，结构紧凑、占用空间小、走向和布置灵活、不影响环境、现场施工简便，常用于城市地下电网、发电站的引出线路、工矿企业的内部供电及过江、过海的水下输电线路。

一、电力电缆的基本结构

电力电缆的基本结构由线芯（导体）、绝缘层、屏蔽层和保护层四部分组成。电力电缆结构如图 3-10 所示。

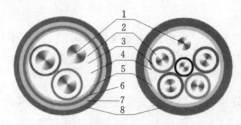

图 3-10　电力电缆结构

1—导体；2—普通耐火层或高耐火层；3—绝缘层；
4—填充；5—包带（阻燃）；6—垫层；
7—铠装层；8—外护层

（1）导体。以前大量采用铝作为线芯材料，因铜和铝相比具有更好的导电率和机械性能，随着电缆载流量的不断增长，目前铜逐步取代铝成为电力电缆导体的主要制作材料。

（2）导体屏蔽层。电力电缆的电压等级越来越高，为防止发生局部放电，在交联聚氯乙烯原料中加入炭黑，使之具备导电性能，再制作成薄薄的一层，紧紧包裹在导体上，从而均匀导体表面的电场。

（3）绝缘屏蔽层。在绝缘层表面加一层半导体材料的屏蔽层，它与被屏蔽的绝缘层有良好的接触，与金属护套等电位，从而避免绝缘层与护套之间发生局部放电。

（4）金属屏蔽层。通常使用铜皮制作，在正常运行时作用是通过电容电流；当系统发生短路时，作为短路电流的通道，同时起着屏蔽电场的作用。

（5）填料。在电缆之间的空隙间填入具有一定柔性的材料，使电缆内部的结构保持稳定。

（6）内层护套。将电力电缆里的结构紧紧地包裹在一起，起到一定程度的保护作用。

（7）钢铠。钢铠缠绕在内护套之上，作用是提高电缆的整体强度，对内部的结构起到机械保护作用，对短路电流的回流起到一定分流作用。

（8）外护套层。主要是进一步加强电缆的整体性和强度，具有一定的抗老化、抗化学腐蚀以及耐电能力，是电缆最外部的保护层。

二、电缆的分类

（1）油浸纸绝缘电缆。分为普通黏性浸渍电缆与不滴流电缆两种类型。属于比较早期的电缆技术，现正逐步被淘汰。

（2）塑料绝缘电缆。采用石化产品作为主绝缘层的电缆，也是目前广泛应用的电力电缆。主要分为聚乙烯电缆、聚氯乙烯电缆、交联聚乙烯电缆。

（3）橡皮绝缘电缆。采用天然橡胶为主要原材料的电缆，有更好的柔韧性，但机械强度与电气绝缘强度远不及塑料绝缘电缆。主要用于较低的电压等级中。

（4）新型电缆。包括超导电缆、低温电缆、气体绝缘电缆，环保型电缆等。

三、电缆的敷设

电缆的敷设大体上分为直埋、排管、沟道、隧道、桥架敷设等几种方式。

（1）直埋敷设。直埋敷设就是直接将电缆埋入地下，采用泥土覆盖的敷设方式。这种方式工程造价低廉。但是电缆缺乏有效的保护，一般用于不重要的电缆线路。

（2）排管敷设。将具备一定机械强度的管材预先埋入地下，每根管道平滑的相连，在地下构成一条条电缆的通道，将电缆穿入其中即可。通常用于城市电力需求密集地段。

（3）沟道敷设。修建一条电缆沟，沟道顶部配以活动的盖板，沟内装电缆支架，将电缆置于支架上。通常用于发电厂和变电站中。

（4）隧道敷设。在较深的地下挖一条大型的隧道，隧道的两壁固定电缆支架，电缆敷设在支架上，通常应用于大城市中。

（5）桥架敷设。在基础上固定一排长长的桥形支架，电缆放置在这些桥架上，这种方式的应用面比较窄，通常在电缆过大桥或在建筑物内部敷设时才会采用。

四、电缆附件

常用的电缆附件有电缆终端头、中间接头、接地（保护）箱、电缆固定夹等。最为重要的是电缆终端头与电缆中间接头。

（1）电缆终端头与电缆中间接头。电缆终端头是将电缆敷设完毕后，将电缆与系统其他电气设备进行连接时必须的装置。电缆中间接头是将两段电气参数一致的电力电缆连接起来的装置。

（2）其他附件。电缆的其他附件有接地线、直接接地箱、保护接地箱、交叉互联箱、护层保护器、油箱、回流线等。交叉互联箱与护层保护器作用是限制长电缆金属护套上的感应电压，保证运行中的安全。

五、电缆线路的运行及维护

（1）巡视周期。运行中 110kV 及以上电缆，以及运行中地位十分重要的 10kV 电力电缆线路每 3 个月至少巡视 1 次，异常天气时应立即对沟道情况较差的电力电缆线路进行巡视。

隧道敷设电缆至少每月进行 1 次巡视；沟道敷设电缆至少每 6 个月抽出重点区域进行揭沟巡视 1 次；对于排管敷设电缆，应至少每年进行 1 次巡视。

（2）日常巡视检查内容。巡视检查主要内容为：红外线温度检测，地面部分设施状态检查，护管或隔墙状态检查，编号、印字、吊牌检查，电缆接地箱应检查有无损坏、进水等。

思 考 题

1. 什么是互感器？互感器与一次、二次系统如何连接？

2. 电流互感器的接线方式有哪些？适用范围是什么？

3. 电压互感器的接线方式有哪些？适用范围是什么？

4. 运行中的电压互感器一次侧为什么不允许短路？

5. 运行中电流互感器的一次侧为什么不允许开路？

6. 常见的母线布置方式有哪些？应考虑哪些因素？

模块四　电气主接线及倒闸操作

知识点一　电气主接线基本知识

电气主接线主要是指在发电厂、变电所、电力系统中，为满足预定的功率传送方式和运行等要求而设计的、表明高压电气设备之间相互连接关系的电路。电路中的高压电气设备包括发电机、变压器、母线、断路器、隔离开关、线路等，它们的连接方式，对供电的可靠性、运行灵活性及经济合理性等起着决定性作用。

电气主接线图一般画成单线图（即用单线表示三相回路），但对三相接线不完全相同的局部画面（如各相中电流互感器的配备情况不同）则画成三线图。

对电气主接线的要求有：

（1）满足系统和用户对供电可靠性和电能质量的要求。

（2）主接线具有一定的灵活性，能够根据调度要求灵活改变运行方式。

（3）操作力求简单、方便，减少误操作的可能性。

（4）经济上应合理，主接线应节省基建投资和减少年运行费用。

（5）考虑到电站的长远规划，应有发展和扩建的可能。

知识点二　电气主接线的基本形式

母线是电气主接线和配电装置的重要环节，当统一电压等级配电装置中的进出线数目较多时，常需要设置母线，以实现电能的汇集和分配。主接线按母线分类可分为有汇流母线的接线形式和无汇流母线的接线形式。有汇流母线的接线形式主要有单母线接线和双母线接线。无汇流母线的接线形式主要有单元接线、桥形接线、多角形接线等。

一、单母线接线

（一）单母无分段

单母线接线的特点是只有一组母线，每个电源线和引出线都经过开关电器接到同一组母线上。供电电源由变压器或发电机引入，母线既可以保证电源并列工作，又能使任一条出线路都可以从电源Ⅰ或Ⅱ获得电能。每条回路中都装有断路器和隔离开关，靠近母线侧的隔离开关称作母线隔离开关，靠近线路侧的称为线路隔离开关。单母线接线如图4-1所示。

1. 单母线接线的优缺点

优点：接线简单清晰、设备少、操作方便，便于扩建和采用成套配电装置。

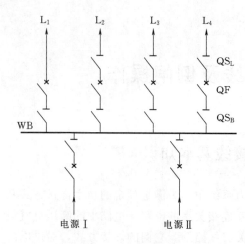

图 4-1 单母线接线

缺点：灵活性和可靠性差，当母线或母线隔离开关故障或检修时，必须断开它所连接的电源，与之相连的所有电力装置在整个检修期间均需停止工作。此外，在出线断路器检修期间，必须停止该回路的工作。

2. 单母线接线的适用范围

一般适用于一台主变压器的以下三种情况：

（1）6～10kV 配电装置的出线回路数不超过 5 回。

（2）35～63kV 配电装置的出线回路数不超过 3 回。

（3）110～220kV 配电装置的出线回路数不超过 2 回。

（二）单母线分段接线

为了克服一般单母线接线存在的缺点，提高它的供电可靠性和灵活性，把单母线分成几段，在每段母线之间装设一个分段断路器和两个隔离开关。每段母线上均接有电源和出线回路，这称为单母线分段接线，如图 4-2 所示。

1. 单母线分段接线的优缺点

优点：

（1）用断路器把母线分段后，对重要用户可以从不同段引出两个回路，由两个电源供电。

（2）当一段母线发生故障，分段断路器自动将故障段切除，保证正常段母线不间断供电和不使重要用户停电。

缺点：

（1）当一段母线或母线隔离开关故障或检修时，该段母线的回路都要在检修期间内停电。

（2）当出线为双回路时，常使架空线路出现交叉跨越。

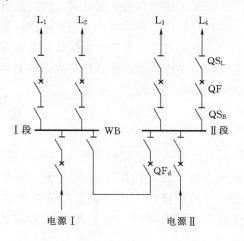

图 4-2 单母线分段接线

（3）扩建时需向两个方向均衡扩建。

2. 单母线接线的适用范围

（1）6～10kV 配电装置出线回路数为 6 回及以上时。

（2）35～63kV 配电装置出线回路数为 4～8 回时。

（3）110～220kV 配电装置出线回路数为 3～4 回时。

（三）单母线带旁路母线的接线

增设了一组旁路母线 WP 及各出线回路中相应的旁路隔离开关 QS_p，分段断路器 QS_d 兼作旁路断路器 QF_p，并设有分段隔离开关 QS_d。平时旁路母线不带电，QS_1、QS_2 及 QF_p 合闸，QS_3、QS_4 及 QS_d 断开，主接线系统按单母线分段方式运行。当需要检修某一出线断路器（如 QF_1）时，可通过合闸操作，由分段断路器代替旁路断路器，使旁路断路器经 QS_4、QF_p、QS_1 接至 1 段母线，或经 QS_2、QF_p、QS_3 接至 2 段母线而带电运行，并经过被检修断路器所在回路的旁路隔离开关（如 1QF）及其两侧的隔离开关进行检修，而不中断其所在线路的供电。此时，两段工作母线既可通过分段隔离开关 QS_d 并列运行也可分列运行。所以，这种接线方式具有相当高的可靠性和灵活性。单母线分段带旁路母线接线如图 4-3 所示。

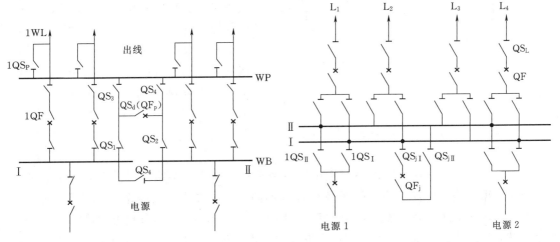

图 4-3　单母线分段带旁路母线接线　　　　图 4-4　双母线接线

二、双母线接线

1. 一般双母线接线

双母线接线如图 4-4 所示，它具有两组母线：工作母线 I 和备用母线 II。每回线路都经一台断路器和两组隔离开关分别接至两组母线，母线之间通过母线联络断路器（简称母联）QF_j 连接，称为双母线接线。有两组母线后，使运行的可靠性和灵活性大为提高，其特点如下：

（1）运行方式灵活。可以采用将电源和出线均衡地分配在两组母线上，母联断路器合闸的双母线同时运行方式。

（2）检修母线时不中断供电。只需将欲检修母线上的所有回路通过倒闸操作均换接至另一母线上，即可不中断供电的进行检修。当任一组母线故障时，也只需将接于该母线上的所有回路均换至另一组母线，即可迅速地全面恢复供电。

（3）检修任一回路母线隔离开关时，只中断该回路。这时，可将其他回路均换到另一组母线继续运行，然后停电检修该母线隔离开关。如果允许对隔离开关带电检修，则该回路也可不停电。

（4）检修任一回路断路器时，该回路仍需停电或短时停电。

（5）增加了大量的母线隔离，增加了开关母线的长度，装置结构较为复杂，占地面积与投资都增多。

2. 双母线分段接线

双母线分段接线如图 4-5 所示，W_1 和 W_2 母线用分段断路器 QF_d 联系，每段母线与

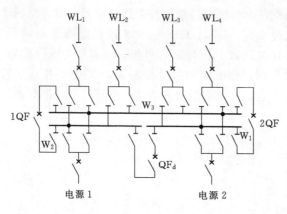

图 4-5　双母线分段接线

W_3 母线之间分别通过母联断路器 1QF、2QF 连接。这种接线较双母线接线具有更高的可靠性和更大的灵活性。当 W_1、W_2 组母线工作，W_3 组母线备用时，它具有单母线分段接线的特点。W_1、W_2 组母线的任一分段检修时，将该段母线所连接的支路倒至备用母线上运行，仍能保持单母线分段运行的特点。当具有三个或三个以上电源时，可将电源分别接到 W_1、W_2 的两段母线和 W_3 组母线上，用母联断路器连通 W_3 组母线与 W_1、W_2 组某一个分段母线，构成单母线分三段运行，可进一步提高供电可靠性。

3. 带有旁路母线的双母线接线

为了在检修任一回路断路器时不中断该回路的工作，除两组主母线 W_1、W_2 之外，增设了一组旁路母线及专用旁路断路器 QF_p 回路。大大提高主接线系统的工作可靠性。尤其是当电压等级较高、线路回数较多时，因每一年中的断路器累计检修时间较长，这一优点就更加突出。但是，此种接线所用电气设备数量较多，配电装置结构复杂，占地面积较大，经济性较差。

适用范围：一般规定当 220kV 线路有 5 回及以上出线、110kV 线路有 7 回以上出线时，可采用专用旁路断路器带旁路母线接线。双母线带旁路母线接线如图 4-6 所示。

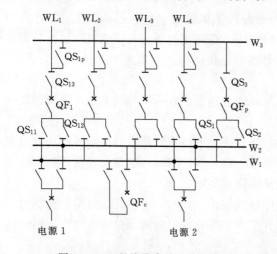

图 4-6　双母线带旁路母线接线

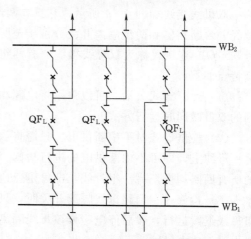

图 4-7　一个半断路器接线方式

4. 一个半断路器接线

每两个元件（出线或电源）用三台断路器构成一串接至两组母线，称为一个半断路器接线，又称 3/2 接线，如图 4-7 所示。在一串中，两个元件（进线或出线）各自经一台断路器接至不同母线，两回路之间的断路器称为联络断路器。

运行时，两组母线和同一串的三个断路器都投入工作，称为完整串运行，形成多环路状供电，具有很高的可靠性。其主要特点是：任一母线故障或检修，均不致停电；任一断路器检修也不引起停电；甚至于两组母线同时故障（或一组母线检修另一组母线故障）的极端情况下，功率仍能继续输送。一串中任何一台断路器退出或检修时的运行方式称为不完整串运行，此时仍不影响任何一个元件的运行。这种接线运行方便、操作简单，隔离开关只在检修时作为隔离电器。

此种接线在大容量、超高压配电网络中得到广泛使用。

5. 变压器-母线组接线

如图4-8（a）所示，变压器直接接入母线，各出线回路采用双断路器接线。图4-8（b）所示为一个半断路器变压器-母线组接线，调度灵活，电源与负荷可以自由调配，安全可靠，利于扩建。

由于变压器运行可靠性比较高，直接接入母线，对母线运行不会产生明显的影响。一旦变压器故障，连接于母线上的断路器跳开，但不影响其他回路供电，再用隔离开关把故障变压器退出后，即可进行倒闸操作使该母线恢复运行。

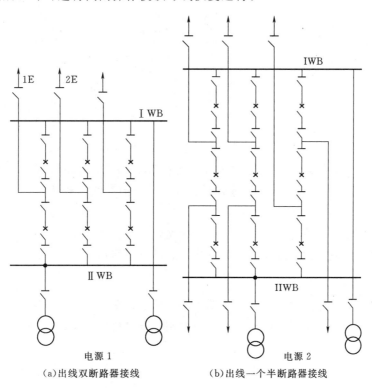

(a)出线双断路器接线　　　　(b)出线一个半断路器接线

图4-8　变压器-母线组接线方式

三、桥形接线

桥形接线适用于仅有两台变压器和两条出线的装置中。具有一定的运行灵活性。

内桥接线如图4-9（a）所示，桥回路置于线路断路器内侧（靠变压器侧），此时线路经断路器和隔离开关接至桥接点，构成独立单元；而变压器支路只经隔离开关与桥接点相连，是非独立单元。内桥接线的任一线路投入、断开、检修或故障时，都不会影响其他回路的正常运行。但当变压器投入、断开、检修或故障时，则会影响一回线路的正常运行。

　　内桥接线适用于输电线路较长、线路故障率较高、穿越功率少和变压器不需要经常切换的场合。

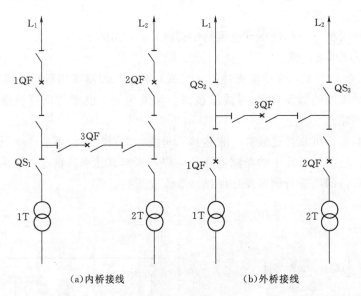

(a) 内桥接线　　　　　　　　(b) 外桥接线

图 4-9　桥形接线

　　外桥接线如图 4-9（b）所示，桥回路置于线路断路器外侧，变压器经断路器和隔离开关接至桥接点，而线路支路只经隔离开关与桥接点相连。外桥接线的变压器投入、断开、检修或故障时，不会影响其他回路的正常运行。但当线路投入、断开、检修或故障时，则会影响一台变压器的正常运行。

　　外桥接线便于变压器切换工作，适用于线路较短、故障率较低、主变压器需按经济运行要求经常投切以及电力系统有较大穿越功率通过桥臂回路的场合。

四、多角形接线

　　多角形接线也称为多边形接线，如图 4-10 所示。它相当于将单母线按电源和出线数目分段，然后连接成一个环形的接线。比较常用的有三角形、四角形接线和五角形。

　　多角形接线具有如下特点：

　　（1）每个回路位于两个断路器之间，具有双断路器接线的优点，检修任一断路器都不中断供电。

　　（2）所有隔离开关只用作隔离电器使用，不作操作电器用，容易实现自动化和遥控。

　　（3）正常运行时，多角形是闭合的，任一进出线回路发生故障，仅该回路断开，其余回路不受影响，因此运行可靠性高。

　　（4）任一断路器故障或检修时，则开环运行，此时若环上某一元件再发生故障就有可能出现非故障回路被迫切除并将系统解列。这种缺点随角数的增加更为突出，所以这种接线最多不超过 6 角。

（5）开环和闭环运行时，流过断路器的工作电流不同，这将给设备选择和继电保护整定带来一定的困难。

（6）此接线的配电装置不便于扩建和发展。

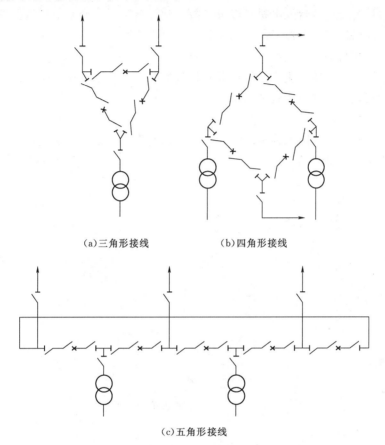

（a）三角形接线　　（b）四角形接线

（c）五角形接线

图 4-10　多角形接线

五、单元接线

发电机发出的电能除去厂用电外，全部通过升压变压器送入电网，这样的一台发电机一台变压器的接线形式称为单元接线。单元接线是将不同的电气设备（发电机、变压器、线路）串联成一个整体，称为一个单元，然后再与其他单元并列。

1. 单元接线

图 4-11（a）为发电机双绕组变压器组成的单元，断路器装于主变高压侧作为该单元共同的操作和保护电器，在发电机和变压器之间不设断路器，可装一组隔离开关供试验和检修时作为隔离元件。

当高压侧需要联系两个电压等级时，主变采用三绕组变压器或自耦变压器，就组成发电机三绕组变压器（自耦变压器）单元接线，如图 4-11（b）所示。为了能保证发电机故障或检修时高压侧与中压侧之间的联系，应在发电机与变压器之间装设断路器。

2. 扩大单元接线

采用两台发电机与一台变压器组成单元的接线称为扩大单元接线，如图 4 - 11（c）、(d)、(e) 所示。在这种接线中，为了适应机组开停的需要，每一台发电机回路都装设断路器，并在每台发电机与变压器之间装设隔离开关，以保证停机检修的安全。装设发电机出口断路器的目的是使两台发电机可以分别投入运行或当任一台发电机需要停止运行或发生故障时，可以操作该断路器，而不影响另一台发电机与变压器的正常运行。

扩大单元接线与单元接线相比有如下特点：

（1）减小了主变压器和主变高压侧断路器的数量，减少了高压侧接线的回路数，从而简化了高压侧接线，节省了投资和场地。

（2）任一台机组停机都不影响厂用电的供给。

（3）当变压器发生故障或检修时，该单元的所有发电机都将无法运行。扩大单元接线用于在系统有备用容量时的大中型发电厂中。

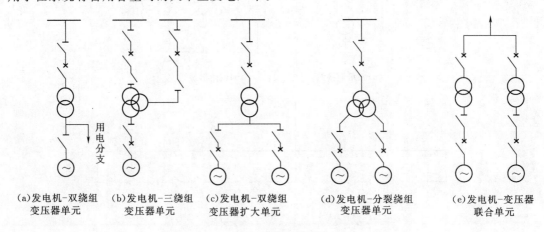

图 4 - 11　单元、扩大单元接线

知识点三　短路电流的限制措施

电力系统中，限制短路电流的方法有以下几种：选择发电厂和电网的接线方式；采用分裂绕组变压器和分段电抗器；采用线路电抗器；采用微机保护及综合自动化装置等。

1. 选择发电厂和电网的接线方式

通过选择发电厂和电网的电气主接线，可以达到限制短路电流的目的。

在发电厂内，可对部分机组采用长度为 40km 及以上的专用线路，并将这种发电机—变压器—线路单元连接到距其最近的枢纽变电所的母线上，这样可避免发电厂母线上容量过分集中，从而达到降低发电厂母线处短路电流的目的。

2. 采用分裂绕组变压器和分段电抗器

在大容量发电厂中为限制短路电流可采用低压侧带分裂绕组的变压器，在水电厂扩大单元机组上也可采用分裂绕组变压器。为了限制 6～10kV 配电装置中的短路电流，可以在母线上装设分段电抗器。分段电抗器只能限制发电机回路、变压器回路、母线上发生短路时的短路电流，当在配电网络中发生短路时则主要由线路电抗器来限制短路电流。

3. 采用线路电抗器

线路电抗器主要用于发电厂向电缆电网供电的 6～10kV 配电装置中，其作用是限制短路电流，使电缆网络在短路情况下免于过热，减少所需要的开断容量。

4. 采用微机保护及综合自动化装置

从短路电流分析可知，在发生短路故障后约 0.01s 出现最大短路冲击电流，采用微机保护仅需 0.005s 就能断开故障回路，使导体和设备避免承受最大短路电流的冲击，从而达到限制短路电流的目的。

知识点四　厂用电及厂用负荷

一、厂用电的作用

发电厂在电力生产过程中，需要很多由电动机拖动的机械设备为发电厂的主要设备（如锅炉、汽轮机、发电机等）和辅助设备服务。这些电动机以及全厂的运行操作、试验、修配、照明、电焊等用电设备的总耗电量，统称为厂用电或自用电。

厂用电系统接线是否合理，对保证厂用负荷连续供电和发电厂安全运行至关重要。由于厂用负荷多、分布广、工作环境差和操作频繁等原因，厂用电事故在电厂事故中占有很大的比例。经验表明，不少全厂停电事故是由于厂用电事故引起的，因此，必须把厂用电系统的安全运行提到应有的高度来认识。

二、厂用电率

发电厂在同一时期内，厂用电所消耗的电量占发电厂总发电量的百分数，称为发电厂的厂用电率。

厂用电率是衡量发电厂经济性的主要指标之一。一般凝汽式火电厂的厂用电率为 5％～8％，兼供热的热电厂的厂用电率为 8％～12％，水电厂的厂用电率为 0.3％～2％。

厂用电接线除应满足正常运行的安全、可靠、灵活、经济和检修、维护方便等要求。

三、厂用电电压等级

厂用电系统电压等级是根据发电机额定电压、厂用电动机的电压和厂用电网络的可靠运行等诸方面因素相互配合，经过经济、技术综合比较后确定的。

发电厂里拖动各种厂用机械的电动机，其容量相差很大，从几瓦到几兆瓦，而电动机的电压和容量有关。因此，只用一种电压等级的电动机是不能满足要求的，必须根据所拖动设备的功率以及电动机的制造情况来进行电压选择。

由于高压电动机制造容量大、绝缘等级高、磁路较长、尺寸较大、价格高、空载和负载损耗均较高、效率较低，通常在满足技术要求的前提下，优先选用低电压的电动机，可以获得较高的经济效益。选用电动机电压等级较高时，可选择截面较小的电缆或导线，既可以节省有色金属使用量，又可以降低供电网络的投资。所以，在选择电动机电压等级时，应综合多种因素进行考虑。

为了简化厂用电接线，使运行维护方便，厂用电电压等级不宜过多。一般的厂用电压等级有高压 6kV 和低压 0.4kV 两级。通常拖动厂用机械的电动机容量大于 200kW 者和低压厂用变压器都由 6kV 系统供电；而小于 200kW 的电动机、照明及其他负荷则都由低压 0.4kV 系统供电。

四、厂用电负荷分类

按其在生产过程中的重要性，厂用负荷可分为以下几类：

（1）Ⅰ类负荷：短时（手动切换恢复供电所需时间）的停电可能影响人身或设备安全，使生产停顿或发电机组出力大量下降的负荷。例如，水电厂的调速器、润滑油泵、给水泵、锅炉凝结水泵等。

（2）Ⅱ类负荷：允许短时停电，但停电时间延长，有可能损坏设备或影响正常生产的负荷。例如，疏水泵、输煤设备。

（3）Ⅲ类负荷：长时间停电不会直接影响生产的负荷，例如修配车间的电源。

（4）事故保安负荷：在发生全厂停电时，为了保证机组安全地停止运行，事后又能很快地重新启动，或者为了防止危及人身安全等原因，需要在全厂停电时继续供电的负荷，称为事故保安负荷。按负荷所要求的电源为直流或交流，又可分为直流保安负荷（如直流润滑油泵、事故照明等）和交流保安负荷（如交流润滑油泵、盘车电动机、实时控制用的计算机等）。

五、典型厂用电接线

图 4-12 为火力发电厂厂用电接线图，该发电厂装设两机两炉，发电机电压为 6.3kV，发电机电压母线采用分段单母线接线，通过主变压器与 110kV 系统相联系。因机组容量不大，大功率的厂用电动机数量很少，所以不设高压厂用母线，少量的大功率厂

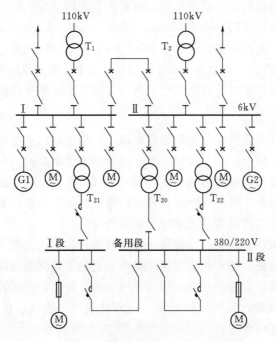

图 4-12 典型火力发电厂厂用电接线

用电动机直接接在发电机电压母线上。小功率的厂用电动机及照明负荷，由 380/220V 低压厂用母线供电。380/220V 低压厂用母线按炉分段，每段低压厂用母线由一台厂用工作变压器供电，引接发电机电压母线上。该电厂厂用电的备用电源采用明备用方式，备用变压器接在与电力系统有联系的发电机电压主母线段上。

厂用电接线系统的设备装置一般都采用可靠性高的成套配电装置，这种成套配电装置发生故障的可能性很小，为保证厂用电的正常运行，厂用电接线采用明备用或暗备用方式运行，明备用就是系统正常运行时备用电源不工作，暗备用指正常运行时备用电源也投入运行。

知识点五　电气设备倒闸操作

根据电力系统运行方式的需要，将电气设备（含二次设备）从一种状态转变为另一种状态所进行的一系列操作称为倒闸操作。电气倒闸操作是一件既重要又复杂的工作，若发生误操作，就有可能造成设备损坏和人员伤亡事故。因此，必须采取倒闸操作的组织措施和技术措施加以防止。

一、电气设备的状态

电气设备分为运行、热备用、冷备用、检修四种状态。

（1）运行状态是指电气设备的隔离开关及断路器都在合闸状态，电路处于接通状态。

（2）热备用状态是指电气设备具备送电条件和启动条件，断路器一经合闸就转变为运行状态。电气设备处于热备用状态下，随时有通电的可能性，应视为带电设备联动备用。

（3）冷备用状态是电气设备除断路器在断开位置，隔离开关也在分闸位置。此状态下，未履行工作许可手续及未布置安全措施，不允许进行电气检修工作，但可以进行机械作业。

（4）检修状态是指电气设备的所有断路器、隔离开关均断开，电气值班员按照《电业安全工作规程》（DL 408—1991）及工作票要求布置好安全措施。

电气设备的倒闸操作规律就是基于上述四个阶段进行，但检修设备拆除接地线后，应测量绝缘电阻合格，才能转换为另一状态。

二、倒闸操作的组织措施和技术措施

组织措施是指电气运行人员必须树立高度的责任感和牢固的安全思想，认真执行操作票制度、工作票制度、工作监护制度以及工作间断、转移和终结制度等。在执行倒闸操作任务时，注意力必须集中，严格遵守操作规定，以免发生错误操作。

技术措施就是采用防误操作装置，达到五防要求：防止误拉合断路器，防止带负荷拉合隔离开关，防止带地线合闸，防止带电挂接地线，防止误入带电间隔。

常用的防误操作装置如下：

（1）机械闭锁。机械闭锁是靠机械结构制约而达到预定目的的一种闭锁，即当一元件操作后另一元件就不能操作。如线路隔离开关和线路接地开关之间闭锁；电压互感器隔离开关和电压互感器接地隔离开关之间闭锁等。

（2）电磁闭锁。电磁闭锁是利用断路器、隔离开关、设备网门等设备的辅助触点，接通或断开隔离开关、网门电磁锁的电源，从而达到闭锁目的的装置。如线路隔离开关或母线隔离开关和断路器之间的闭锁；断路器母线侧接地隔离开关和另一母线隔离开关的闭锁；线路（或母线）隔离开关和设备网门之间闭锁等。

（3）电气闭锁。电气闭锁是利用断路器、隔离开关的辅助触点接通或断开电气操作电源而达到闭锁目的的一种装置，普遍用于电动隔离开关和电动接地开关上。

（4）红绿牌闭锁。红绿牌闭锁方式用在控制开关上，利用控制开关的分合两种位置和红、绿牌配合，进行定位闭锁，达到防止误拉、合断路器的目的。

（5）微机防误操作装置。微机防误操作装置又称电脑模拟盘，是专门为电力系统防止电气误操作事故而设计的，它由电脑模拟盘、电脑钥匙、电编码开锁、机械编码锁等部分组成。可以检验及打印操作票，同时能对所有的一次设备强制闭锁。具有功能强、使用方便、安全简单、维护方便等优点。

三、操作票的使用范围

（1）根据值班调度员或值班长命令，需要将某些电气设备从一种运行状态转变为另一种运行状态或事故处理等。

（2）根据工作票上的工作内容的要求，所做安全措施的倒闸操作。所有电气设备的倒闸操作均应使用操作票。但在以下特定情况下可不用操作票，操作后必须记入运行日志并及时向调度汇报：

1）事故处理。

2）拉合断路器的单一操作。

3）拉开接地隔离开关或拆除全厂（所）仅有的一组接地线。

4）同时拉、合几路断路器的限电操作。

四、执行操作票的程序

1. 预发命令和接收任务

正值班员或值班负责人在接受调度员发布的操作任务时应录音，要明确操作目的和意图，将命令记入预发令记录簿，然后根据调度员发布的操作任务和程序，向调度员复诵，经双方核对无误，然后填写操作票。

调度员预发操作命令和变电运行人员接收操作命令应包含下述内容：操作票调度编号、预发命令时间、预发命令人姓名、接收人姓名及命令内容。对于有两人及以上值班的变电所，调度员仅下达操作的任务；对单人值班的变电所，调度员将操作任务和完成该项操作任务的顺序一并下达。

2. 填写操作票

操作人根据操作任务的要求及当时的运行方式、设备运行状态，核对一次系统模拟图，填写操作项目，并考虑系统变动后的运行方式、继电保护的运行及整定值是否配合。一般情况下，操作票应由操作人填写。但对接班后一小时内需进行的操作，操作票可由上一班值班员填写和审核，填写人和审核人在备注栏签名。操作票的填写以交接班时的运行方式为准。

3.审核批准

操作票实行三审制,"三审"是指填好的操作票必须进行三次审查:

(1)自审。由操作票填写人自己核对。

(2)初审。由操作监护人审核,并分别签名。

(3)复审。由值班负责人审核签名。特别重要和复杂的操作还应由值长审核签名。审票人发现错误应由操作人重新填写,并应在被审的错误操作票上盖"作废"印章,以防发生差错。

4.考问和预想

监护人和操作人应根据所要进行的倒闸操作互相考问,提出应注意的事项,可能会出现的异常情况,并制定出相应的对策或措施。

5.正式接受操作命令

下达操作命令或接受操作命令的双方应互通姓名,并记录在操作票发令人与接令人栏内。当正值班员接到调度员下达的操作命令时必须录音,并由监护人按照已填写好的操作票向发令人复诵。经双方核对无误后,在操作票上填写发令时间。

6.模拟预演

一切准备工作就绪后,操作人、监护人应先在一次系统模拟图上按照操作票所列的顺序进行模拟操作,再次对操作票的正确性进行核对预演,经预演,确认操作票正确无误后,方可进行倒闸操作。

7.操作前准备

操作前必须先准备必要的安全用具、工具、钥匙,操作高压设备应戴的绝缘手套,需要装设接地线时应检查接地线是否完好,接线桩头有无松动,核对所取钥匙编号是否与操作票所要操作的电气设备名称编号相符。做安全措施时,应准备相应电压等级且合格的验电器、接地线、活动扳手等。如执行二次设备的倒闸操作任务时,必须准备电压表、螺丝刀、短接线等。

8.核对设备

操作人和监护人进入操作现场后,应先核对被操作设备的名称是否相符,即核对编号。设备名称应与操作票相同。此外,还要核对断路器和隔离开关的实际位置及校验有关辅助设施的状况,如信号灯的指示、表计的指示、继电器和连锁装置的状况。

9.高声唱票实施操作

操作前要执行监护复诵制度,操作中要求监护人站在操作人的左侧或右侧,其位置以能看清被操作的设备及操作人的动作为宜。这样便于纠正操作人的错误,并有助于防范各种意外。操作过程中集中精力、严肃认真,不谈与操作内容无关的话。

正确执行监护复诵制,就是由监护人根据操作票的顺序,手指向所要操作的设备逐项发出操作命令,即"唱票"。操作人在接令后核对设备名称、编号和位置无误后,将命令复诵一遍并做操作的手势,监护人看到正确操作的手势后,还需进一步核对,同时在操作票上记录开始操作时间。

在实施操作前、监护人最后检查设备名称、编号和设备位置确认无误后即发出"对,执行"的命令。操作人在接到"对，执行"的命令后，方可打开防误闭锁装置，进行操作。这就是所谓的监护、唱票、复诵、对号的操作方法。

10. 检查设备，监护人逐项勾票

为了确保按操作票的顺序进行操作，在每操作完一项后，监护人应在该项上做一个记号"√"。同时两人共同检查被操作设备的状态，应达到操作项目的要求。如设备的机械指示、信号指示灯、表计等情况，以确定实际位置。操作结束后，还应对票上的所有操作项目作全面检查，以防漏项，全部操作结束后应在操作票上记录操作结束时间，盖上"已执行"印章。

11. 操作汇报，做好记录

操作完毕，监护人应及时向当值调度员汇报操作完成情况及执行操作任务的开始与终了时间，汇报时应录音，并在与该项操作任务有关的记录上做好记录。值班负责人（或值班）应根据操作项目进行仔细复查。

12. 评价、总结

完成一个任务后，应对已执行的操作进行评价，总结经验，便于不断提高操作技能。

五、保证安全的技术措施

在全部停电或部分停电的电气设备上工作，必须完成下列措施。

1. 停电

将检修设备停电，必须把有关的电源完全断开，即断开断路器，打开两侧的隔离开夹，形成明显的断开点，并锁住操作把手。

2. 验电

停电后，必须检验已停电设备有无电压，以防出现带电装设接地线或带电合接地刀闸恶性事故的发生。

3. 装设接地线

当验明设备确实已无电压后，应立即将检修设备接地并三相短路。这样可以释放具有大电容的检修设备的残余电荷，消除残余电压；消除因线路平行、交叉等引起的感应电压或大气过电压造成的危害；且当设备突然来电时，能使继电保护装置迅速动作于跳闸，切除电源，消除危害。对于可能送电至停电设备的各方面或可能产生感应过电压的停电设备，都要装设接地线，即做到对来电侧而言，始终保证工作人员在接地线的后侧。

装设接地线时应先接接地端，后接导体端，停电设备若还有剩余电荷或感应电荷时，应接地将电荷放尽，万一因疏忽认错设备或出现意外突然来电时，则因接地而使继电保护装置动作跳闸，保护操作人员人身安全。同理，拆除接地线的顺序与装设接地线的顺序相反。

接地线必须用专用的线夹固定在导体上，严禁用缠绕的方法进行接地和短路。

4. 悬挂标示牌和装设遮栏

工作人员在验电和装设接地线后，应在一经合闸即可送电到工作地点的开关和刀闸的操作把手上，悬挂"禁止合闸，有人工作！"的标示牌，或在线路开关和刀闸的操作把手上悬挂"禁止合闸，线路有人工作！"的标示牌。标示牌的悬挂和拆除，应按调度员的命令执行。部分停电的工作，应设临时遮栏，用于隔离带电设备，并限制工作人员的活动范围，防止在工作中接近高压带电部分。

在室内、外高压设备工作时，应根据情况设置遮栏或围栏。各种安全遮栏、标示牌和接地线等都是为了保证检修工作人员的人身安全和设备安全运行而作的安全措施，任何工作人员在工作中都不能随便移动和拆除。

六、典型操作

【例题】

正（W_1）、副（W_2）母线分列运行、旁路120断路器在冷备用时，用旁路断路器代线路断路器时的操作，以线路124断路器为例，如图4-13所示。

解

操作顺序：

（1）检查旁路断路器保护定值及连接片与所代线路对应。

（2）退出旁路断路器重合闸连接片。

（3）调整旁路电流端子至代出线位置。

（4）母差保护跳旁路断路器连接片及闭锁旁路断路器重合闸连接片在投入位置。

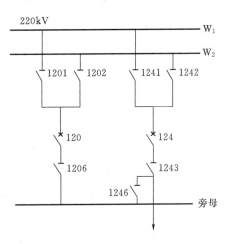

图4-13 电气主接线

（5）检查母差端子箱内旁路电流端子在投入位置。

（6）查120断路器在断位。

（7）查1202隔离开关在断位。

（8）合上1201隔离开关，查已合上。

（9）合上1206隔离开关，查已合上。

（10）合上120断路器（向旁路母线充电），查充电正常。

（11）拉开120断路器，查已拉开。

（12）合上1246隔离开关，查已合上。

（13）合上120断路器，查已合上（电流表应有指示）。

（14）拉开124断路器，查已拉开（电流表指示为零）。

（15）拉开1243隔离开关，查已拉开。

（16）检查1242隔离开关在断位。

（17）拉开1241隔离开关，查已拉开。

（18）投入旁路断路器重合闸连接片。

知识点六 工作票制度

工作票制度是在电气设备上工作保证安全的组织措施之一，所有在电气设备上的工作，均应填用工作票或按命令执行。

一、工作票分类

工作票分为第一种工作票和第二种工作票两大类。

1. 第一种工作票

填写第一种工作票的工作为：

（1）高压设备需要全部停电或部分停电者。

（2）在高压室内的二次接线和照明回路上工作，需要将高压设备停电或做安全措施者。

（3）运行中变电所的扩建、基建工作，需要将高压设备停电或因安全距离不足需装设绝缘罩（板）等安全措施者。

（4）一经合闸即可送电到工作地点设备上的工作。

2. 第二种工作票

填写第二种工作票的工作为：

（1）带电作业和在带电设备外壳上的工作。

（2）控制盘和低压配电盘、配电箱、电源干线上的工作。

（3）二次接线回路上的工作，无需将高压设备停电者。

（4）转动中的发电机、同步调相机的励磁回路或高压电动机转子回路上的工作。

（5）非当值值班人员用绝缘棒和电压互感器定相或用钳形电流表测量高压回路电流。

二、工作票签发

工作票签发人应是工程技术人员、生产管理方面的专职人员、主管部门及以上的领导人，应经考试合格，由主管生产领导批准，名单应书面公布。工作票签发人和工作许可人不能兼任工作负责人。工作负责人和工作许可人不能签发工作票，

三、工作票填写要求

（1）签发人填写工作票要用钢笔或圆珠笔填写，应一式两份，使用单面复写纸。字迹要端正、清晰，内容应正确明了，签发人填写工作票不得涂改。

（2）安全措施栏内填写不下时，可用剪贴方法续写，剪贴处由签发人骑缝盖名章。

（3）工作票签发人应建立工作票签发登记簿，签发填写顺序按照：月份—工种、代码—序号的次序（个人代码参照签发人名单）。

（4）工作任务栏应填写站名以及工作地点、工作内容。

（5）安全措施栏应填写应拉开的断路器、隔离开关并应按调度操作命名的双重名称填写。

（6）隔离开关检修的带电拆搭头工作，也应填写安全措施栏。

（7）装设接地线应写明确切地点。

（8）工作班组在工作范围内要加挂工作接地或防感应电触电接地线。

（9）装设遮栏，应分别写明标示牌全称及悬挂地点。

（10）工作地点保留带电部分栏填写时，应核对变电所平面布置图及装置图，必要时到现场查勘核实。许可人也在相应部分根据现场实际情况填写和补充。

四、工作票审核制度

工作负责人收到工作票，检查工作票正确后，应填入全部工作班人员姓名，并在工作负责人签名栏处签名。由几个小班参加的工作，应填写小班负责人姓名，例如，电试×××等几人，起重×××等几人。

值班负责人收到工作票，审查工作票正确后，变电第一种工作票应填写收到时间并签名。值班人员审查工作票时，如发现工作任务、安全措施（工作条件）、日期、时间有原则错误时，不准许可，应收回该工作票，由工作负责人联系另行签发。另行签发可电传或由签发部门安全员及时告知签发人，以引起重视。

五、工作票许可制度

运行负责人、值班长应全面掌握本值内工作票情况和工作进度，对一些特殊的工作要向值班人员在检修设备操作完毕后，应在工作票许可前把必要的安全措施做好。在送达的工作票审核正确后，应将安全措施填好，还应补充工作票签发人事先未考虑的必要安全措施，并向工作负责人当面交代清楚。许可前，全部安全措施必须一次做完。

值班许可人应陪同工作负责人再次检查所做安全措施，交代带电设备位置和注意事项，并分别在工作票上签名（"在此工作"牌应在许可时挂上，"在此工作"牌的数量应根据工作地点和范围确定）。

许可工作一定要到现场进行。连续几天的工作，每天开工、收工时，许可人也必须到现场检查安全措施是否保持完善。

未经许可，没有工作负责人带领，工作班成员一律不得触及设备，但可以做一些与设备保持安全距离的地面准备工作。

六、工作票间断、转移制度

规定当天的工作间断时，工作班人员应从工作现场撤出，所有安全措施保持不变，工作票仍由工作负责人执存，间断后继续工作无需通过工作许可人许可，而对隔天间断的工作在每日收工后应清扫工作地点，开放封闭的通路，并将工作票交回值班员，次日复工时应得到值班员许可，取回工作票。工作负责人必须事前重新认真检查安全措施是否符合工作票的要求后，方可工作，若无工作负责人或监护人带领，工作人员不得进入工作地点。

工作转移指的是在同一电气连接部分或一个配电装置，用同一工作票依次在几个工作地点转移工作时，全部安全措施由值班员在开始许可工作前一次做完。因此，同一张工作票内的工作转移无需再办理转移手续。但工作负责人每次转移一个工作地点时，必须向工作人员交代带电范围、安全措施和注意事项，尤其应该提醒工作条件的特殊注意事项。

七、工作票负责人（监护人）

在电气设备上工作，至少应有两人一起进行。对某些工作（如测极性，回路导通试验等）在需要的情况下，可以准许有实际工作经验的人员单独进行。特殊工作，如离带电设备距离较近，应设人监护或加装必要的绝缘挡板（应填入工作票安全措施栏内）。

工作负责人（监护人）应始终在工作现场监护施工安全。如因故需离开或变更人员，应由工作票签发人将工作负责人变动情况填写在工作票工作负责人变动栏内并签名。

如工作票签发人不能找到时，可由熟悉工作内容的其他工作票签发人代签。当施工地点较远往返不便时，此项更改的填写可征得工作票签发人同意后由工作负责人代填（电话通知值班人员）。无特殊情况，开工后工作负责人不得变更。

工作票签发后，开工前发生工作班人员变更时，工作负责人可在工作票工作班人员栏内补充填写新增加的班员姓名。当出现个别人员缺勤或不能上岗时，工作负责人应在工作票备注栏内说明。如缺勤人员将影响到施工安全或可能造成检修延期时，工作负责人应及时向工作票签发人汇报。

八、工作票终结验收制度

工作结束后，现场应做到工完、料尽、场地清，替换下的设备应撤出现场。若未打扫整理现场，值班人员有权不结束工作票。值班人员验收结束时，双方签名办理终结手续，并撤销临时安全设施，恢复常设遮拦及安全设施，并在工作票上盖上"已终结"章。一个设备同时有几张工作票进行工作时，工作许可人应在回收所有工作票后，在工作票记录簿上最后终结的工作票登记栏内盖"所有工作票已终结"章，方可进行送电，一份由工作负责人在3日内交部门安全员检查，一份由值班人员收执存档。

验收中发现问题时，由双方协商解决。对一时无法协商解决的问题，应请示总工同意后方可投运，并应在"上级指示记录簿"内做好记录。值班人员根据记录验收结果，在所有工作票全部终结情况下，才能向调度汇报并及时送电。

思　考　题

1. 主接线的基本形式及适用范围是什么？
2. 什么是倒闸操作？
3. 如何保证操作人员在电气倒闸操作中的安全？
4. 厂用电负荷有哪些？
5. 限制短路电流的措施有哪几种？
6. 工作票的使用范围有哪些？

模块五　水电站、变电站高压设备安装与维护

知识点一　配　电　装　置

配电装置是按电气主接线要求，由开关设备、保护和测量电器、母线装置和必要的辅助设备组建而成，用来接受和分配电能的电工建筑物。它是发电厂、变电站的重要组成部分。

按电气设备安装地点可分为屋内配电装置和屋外配电装置；按组装方式可分为装配式配电装置和成套式配电装置。在现场将电器组装而成的称为装配配电装置；在制造厂按要求预先将开关电器、互感器等组成各种成套电路后运至现场安装使用的称为成套配电装置。

按电压等级可分为：低压配电装置（1kV以下）、高压配电装置（1～220kV）、超高压配电装置（330～750kV）、特高压配电装置（1000kV和直流±800kV）。

对配电装置的基本要求是设备布置合理清晰、采取保护措施，最大限度地保证人身和设备的安全；选择合理的设备、故障率低、影响范围小、工作可靠；设备布置便于操作，便于检修、巡视；节省用地、节省材料；充分考虑发展要求，预留备用间隔和备用容量。

一、配电装置的有关术语和图纸

1. 安全净距

配电装置各部分之间，为了满足配电装置运行和检修的需要，确保人身和设备的安全所必需的最小电气距离，称为安全净距。在这一距离下，无论是在正常最高工作电压还是在出现内、外过电压时，都不致使空气间隙击穿。

我国《高压配电装置设计技术规程》（DL/T 5352—2006）规定的屋内、屋外配电装置各有关部分之间的最小安全净距，这些距离可分为A、B、C、D、E五类。在各种间隔距离中，最基本的是A_1和A_2值。

A_1值：带电部分对接地部分之间的空间最小安全净距。

A_2值：不同相带电部分之间的空间最小安全净距。

室内配电装置的安全净距见表5-1。

表5-1　　　　　　　　　　　　　室内配电装置的安全净距　　　　　　　　　　　单位：mm

符号	适用范围	额定电压/kV										
		0.4	1～3	6	10	15	20	35	60	110J	110	220J
A_1	1. 带电部分至接地部分之间 2. 网状和板状遮栏向上延伸线距地2.3m处与遮栏上方带电部分之间	20	75	100	125	150	180	300	550	850	950	1800

续表

符号	适用范围	额定电压/kV										
		0.4	1～3	6	10	15	20	35	60	110J	110	220J
A_2	1. 不同相的带电部分之间 2. 断路器和隔离开关的断口两侧带电部分之间	20	75	100	125	150	180	300	550	900	1000	2000
B_1	1. 栅状遮栏至带电部分之间 2. 交叉的不同时停电检修的无遮栏带电部分之间	800	825	850	875	900	930	1050	1300	1600	1700	2550
B_2	网状遮栏至带电部分之间	100	175	200	225	250	280	400	650	950	1050	1900
C	无遮栏裸导体至地（楼）面之间	2300	2375	2400	2425	2450	2480	2600	2850	3150	3250	4100
D	平行的不同时停电检修的无遮栏裸导体之间	1875	1875	1900	1925	1950	1980	2100	2350	2650	2750	3600
E	通向室外的出线套管至室外通道的路面	3650	4000	4000	4000	4000	4000	4000	4500	5000	5000	5500

注　1. 110J、220J 系指中性点直接接地电网。
　　2. 网状遮栏至带电部分之间当为板状遮栏时，其 B_1 值可取 A_1＋30mm。
　　3. 通向室外的出线套管至室外通道的路面，当出线套管外侧为室外配电装置时，其至室外地面的距离不应小于《电气装置安装工程　母线装置施工及验收规范》（GB 50149—2010）表 3.1.14-2 中所列室外部分之 C 值。
　　4. 海拔超过 1000m 时，A 值应按《电气装置安装工程　母线装置施工及验收规范》GB 50149—2010 执行。
　　5. 本表所列各值不适用于制造厂生产的成套配电装置。

室外配电装置的安全净距见表 5-2。

表 5-2　　　　　　　　　　　　室外配电装置的安全净距　　　　　　　　　　　单位：mm

符号	适用范围	额定电压/kV										
		0.4	1～10	15～20	35	60	110J	110	220J	330J	500J	750J
A_1	1. 带电部分至接地部分之间 2. 网状遮栏向上延伸距地面2.5m 处遮栏上方带电部分之间	75	200	300	400	650	900	1000	1800	2500	3800	5600/ 5950
A_2	1. 不同相的带电部分之间 2. 断路器和隔离开关的断口两侧引线带电部分之间	75	200	300	400	650	1000	1100	2000	2800	4300	7200/ 8000
B_1	1. 设备运输时，其外廓至无遮栏带电部分之间 2. 交叉的不同时停电检修的无遮栏带电部分之间 3. 栅状遮栏至绝缘体和带电部分之间 4. 带电作业时的带电部分至接地部分之间	825	950	1050	1150	1400	1650	1750	2550	3250	4550	6250/ 6700

符号	适用范围	额定电压/kV										
		0.4	1~10	15~20	35	60	110J	110	220J	330J	500J	750J
B_2	网状遮栏至带电部分之间	175	300	400	500	750	1000	1100	1900	2600	3900	5600/6050
C	1. 无遮栏裸导体至地面之间 2. 无遮栏裸导体至建筑物、构筑物顶部之间	2500	2700	2800	2900	3100	3400	3500	4300	5000	7500	12000/12000
D	1. 平行的不同时停电检修的无遮栏带电部分之间。 2. 带电部分与建筑物、构筑物的边沿部分之间	2000	2200	2300	2400	2600	2900	3000	3800	4500	5800	7500/7950

注　1. 110J、220J、330J、500J、750J 系指中性点直接接地电网。

　　2. 栅状遮栏至绝缘体和带电部分之间，对于 220kV 及以上电压，可按绝缘体电位的实际分布，采用相应的 B 值检验，此时可允许栅状遮栏与绝缘体的距离小于 B_1 值。当无给定的分布电位时，可按线性分布计算。500kV 及以上相间通道的安全净距，可按绝缘体电位的实际分布检验；当无给定的分布电位时，可按线性分布计算。

　　3. 带电作业时的带电部分至接地部分之间（110~500J），带电作业时，不同相或交叉的不同回路带电部分之间，其 B_1 值可取 A_2+750mm。

　　4. 500kV 的 A_1 值，双分裂软线至接地部分之间可取 3500mm。

　　5. 除额定电压 750J 外，海拔超过 1000m 时，A 值应按《电气装置安装工程　母线装置施工及验收规范》（GB 50149—2010）图 3.1.14—6 进行修正；750J 栏内"/"前为海拔 1000m 的安全净距，"/"后为海拔 2000m 的安全净距。

　　6. 本表不适用于制造厂生产的成套配电装置。

2. 间隔

间隔是指一个完整的电气连接，其大体上对应主接线图中的接线单元，以主设备为主，加上附属设备组成的一整套电气设备（包括断路器、隔离开关、TA、TV、端子箱等）。

在发电厂或变电站内，间隔是配电装置中最小的组成部分，根据不同设备的连接所发挥的功能不同有主变间隔、母线设备间隔、母联间隔、出线间隔等。

3. 层

层是指设备布置位置的层次。配电装置有单层、两层、三层布置。

4. 列

列是一个间隔断路器的排列次序。配电装置有单列式布置、双列式布置、三列式布置。双列式布置是指该配电装置纵向布置有两组断路器及附属设备。

5. 通道

为便于设备的操作、检修和搬运，配电装置在布置时设置了维护通道（用来维护和搬运各种电器的通道）、操作通道［设有断路器（或隔离开关）的操动机构、就地控制屏］、防爆通道（和防爆小室相通）。

6. 配电装置的图纸

平面图：按照配电装置的比例进行绘制，并标出尺寸；图中标出房屋轮廓、配电装

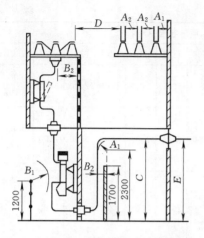

图 5-1　屋内配电装置安全净距校验图

置间隔的位置与数量、各种通道与出口、电缆沟等。平面图上的间隔不标出其中所装设备。

断面图：按照配电装置的比例进行绘制，用以校验其各部分的安全净距（成套配电装置内部除外）；断面图表示配电装置典型间隔的剖面，表明间隔中各设备具体的布置以及相互之间的联系。

配置图：这是一种示意图，可不按照比例进行绘制，主要用于了解整个配电装置中设备的布置、数量、内容；对应平面图的实际情况，图中标出各间隔的序号与名称、设备在各间隔内布置的轮廓、进出线的方式与方向、通道名称等。

屋内配电装置安全净距校验图如图 5-1 所示，屋外配电装置安全净距校验图如图 5-2 所示。

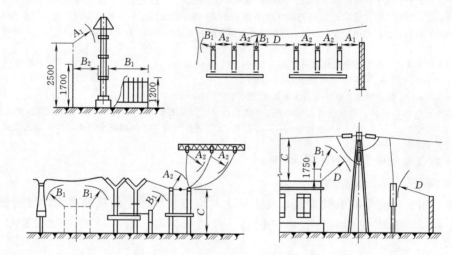

图 5-2　屋外配电装置安全净距校验图

二、屋内配电装置

（一）屋内配电装置的特点

屋内配电装置是将电气设备和载流导体安装在屋内，避开大气污染和恶劣气候的影响，其特点是：

（1）由于允许安全净距小而且可以分层布置，因此占地面积较小。

（2）维修、巡视和操作在室内进行，不受气候的影响。

（3）外界污秽的空气对电气设备影响较小，可减少维护的工作量。

（4）房屋建筑的投资较大。

大、中型发电厂和变电站中，35kV 及以下电压等级的配电装置多采用屋内配电装置。但 110kV 及 220kV 装置有特殊要求（如变电站深入城市中心）和处于严重污秽地区（如海边和化工区）时，经过技术经济比较，也可以采用屋内配电装置。

（二）屋内配电装置的类型

1. 按照布置形式分类

单层式：所有的电气设备布置在单层房屋内。一般用于中、小容量的发电厂和变电站，采用单母线接线的出线不带电抗器的配电装置，通常可采用成套开关柜，占地面积较大。

二层式：将所有电气设备按照轻重分别布置，较重的设备（如断路器、限流电抗器、电压互感器等）布置在一层，较轻的设备（如母线和母线隔离开关）布置在二层。一般用于有出线电抗器的情况。其结构简单，占地较少、运行与检修较方便、综合造价较低。

三层式：将所有电气设备依其轻重分别布置在三层中。安全、可靠、占地面积小，但结构复杂、施工时间长、造价高，检修和运行很不方便，目前很少采用。

2. 按照安装形式分类

装配式：将各种电气设备在现场组装构成配电装置称为装配式配电装置。

成套式：由制造厂预先将各种电气设备按照要求装配在封闭或半封闭的金属柜中，安装时按照主接线要求组合起来构成整个配电装置，这就称为成套式配电装置。

（三）装配式屋内配电装置的整体布局要求

以装配式屋内配电装置布置为例具体说明装配时的注意事项。

同一回路的电气设备和载流导体布置在同一间隔内满足安全净距要求的前提下，充分利用间隔位置，较重的设备（如电抗器、断路器等）布置在底层，减轻楼板荷重，便于安装；出线方便，电源进线尽可能布置在一段母线的中部，减少通过母线截面的电流，布置清晰，力求对称，便于操作，容易扩建。

1. 母线及隔离开关

母线一般布置在配电装置的上部，有水平布置、垂直布置和三角形布置三种方式。

母线水平布置：通常用于中小型发电厂或变电站（可以降低配电装置高度，便于安装）。

母线垂直布置：一般适用于 20kV 以下、短路电流较大的发电厂或变电站（一般用隔板隔开，其结构复杂，增加配电装置的高度）。

母线三角形布置：适用于 10～35kV 大、中容量的配电装置中（结构紧凑，但外部短路时各相母线和绝缘子机械强度均不相同）。母线相间距离 α 取决于相间电压、短路时母线和绝缘子的机械强度及安装条件等。同一支路母线的相间距离应尽量保持不变，以便于安装。

6～10kV 母线水平布置时，α 约为 250～350mm；垂直布置时，α 约为 700～800mm；35kV 母线水平布置时，α 约为 500mm；110kV 母线水平布置时，α 约为 1200～1500mm。

双母线或分段母线布置中，两组母线之间应设隔板（墙），以保证有一组母线故障或检修时不影响另一组母线工作。为避免温度变化引起硬母线产生危险应力，当母线较长时应安装母线温度补偿器，一般铝母线长度为 20～30m 设一个补偿器；铜母线长度为 30～50m 设一个补偿器。母线隔离开关一般安装在母线的下方，母线与母线隔离开关之间应设耐热隔板，以防母线隔离开关误操作引起的飞弧造成母线故障。两层以上的配电装置中，母线隔离开关宜单独布置在一个小室内。

2. 断路器及其操动机构

断路器通常设在单独的小室内。断路器的操动机构与断路器之间应该使用隔板隔开，其操动机构布置在操作通道内。手动操动机构和轻型远距离操动机构均安装在壁上；重型远距离控制操动机构则装在混凝土基础上。

3. 互感器和避雷器

电流互感器可以和断路器放在同一小室内，穿墙式电流互感器应尽量作为穿墙套管使用，以减少配电装置体积与造价。

电压互感器经隔离开关和熔断器接到母线上，它需占用专门的间隔，但在同一间隔内，可装设几个不同用途的电压互感器。

当母线接有架空线路时，母线上应装避雷器，避雷器与电压互感器可共用一个间隔，两者之间应采用隔板（隔层）隔开，并可共用一组隔离开关。

4. 电抗器

电抗器按其容量不同有三种不同的布置：三相垂直、品字形和三相水平布置，如图 5-3 所示。

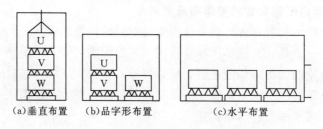

（a）垂直布置　（b）品字形布置　（c）水平布置

图 5-3　电抗器的布置方式

当电抗器的额定电流超过 1000A、电抗值超过 5%～6% 时，宜采用品字形布置；额定电流超过 1500A 的母线分段电抗器或变压器低压侧的电抗器，则采用水平落地装设。

在采用垂直或品字形布置时，只能采用 UV 或 VW 两相电抗器上下相邻叠装，而不允许 UW 两相电抗器上下相邻叠装在一起。

5. 电容器室

1000V 及以下的电容器可不另行单独设置低压电容器室，而将低压电容器柜与低压配电柜布置在一起。高压电容器室的大小主要由电容器容量和对通道的要求所决定，通道要求应满足表中的规定。配电装置室内各种通道最小宽度见表 5-3。

表 5-3　　　　　　　　配电装置室内各种通道最小宽度（净距）　　　　　　　单位：mm

通道分类	维护通道	操作通道		防爆通道
		固定式	手车式	
一面有开关设备	800	1500	单车长＋900	1200
二面有开关设备	1000	2000	双车长＋600	1200

6. 变压器室

变压器室的最小尺寸根据变压器外形尺寸和变压器外廓至变压器室四壁应保持的最小

距离而定，按规程规定不应小于表所列的数值。变压器外廊与变压器室四壁的最小距离见表5-4。

表5-4　　　　　　　　变压器外廊与变压器室四壁的最小距离　　　　　　单位：mm

变压器容量	320kVA 及以下	400～1000kVA	1250kVA 及以上
至后壁和侧壁净距 A	600	600	800
至大门净距 B	600	800	1000

变压器外廊最小间距如图5-4所示。

变压器室的进风窗必须加铁丝网以防小动物进入，出风窗要考虑用金属百叶窗来遮挡雨雪。

7. 电缆构筑物

电缆隧道：封闭狭长的构筑物，高1.8m以上，两侧设有数层敷设电缆的支架，可放置较多的电缆，人在隧道内能方便地进行电缆的敷设和维修工作。其造价较高，一般用于大型电厂主厂房内。

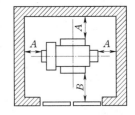

图5-4　变压器外廊
最小间距

电缆沟：有盖板的沟道，沟宽与深为1m左右，敷设和维修电缆不方便。造价较低，常用于变电站和中、小型电厂。电缆隧道（沟）在进入建筑物（包括控制室和开关室）处，应设带防火门的耐火隔墙（电缆沟只设隔墙）。防止发生火灾时，烟火向室内蔓延，造成事故扩大，同时也可以防止小动物进入室内。

8. 通道和出口

维护通道：最小宽度应比最大搬运设备大0.4～0.5m。

操作通道：最小宽度为1.5～2.0m。

防爆通道：最小宽度为1.2m。

当配电装置长度大于7m时，应有两个出口（最好设在两端）；当长度大于60m时，在中部适当宜再增加一个出口。

配电装置室的门应向外开，并装弹簧锁，相邻配电装置室之间如有门，应能向两个方向开启。

三、屋外配电装置

（一）屋外配电装置的分类及特点

屋外配电装置将所有电气设备和母线都装设在露天的基础、支架或构架上。屋外配电装置的结构形式，除与电气主接线、电压等级和电气设备类型有密切关系外，还与地形地势有关。

（二）屋外配电装置的选型

户外配电装置根据电气设备和母线布置的高度和重叠情况可分为中型、高型和半高型三种。

（1）中型配电装置是将所有的电器设备安装在一个水平面上，并安装在有一定高度的设备支架上，以保持带电部分与地之间必要的高度。普通中型配电装置，施工、检修和运行都比较方便，抗震能力，造价比较低，缺点是占地面积较大。此种型式一般用非高产农田地区及不占良田和土石工程量不大的地方，并在地震强烈较高的地区采用。分相中型配电装置采用硬管母线配合剪刀式（或伸缩式）隔离开关方案，布置清晰、美观，可省去大量构架，较普通中型配电装置方案节约用地 1/3 左右。但支柱式绝缘子防污、抗震能力差，在污秽严重或地震烈度较高的地区不宜采用。中型配电装置广泛用于 110～500kV 电压等级。

（2）高型配电装置是将断路器、电流互感器布置在旁路母线下方，同时两组工作母线重叠布置。高型配电装置的最大优点是占地面积少，比普通中型节约 50％ 左右，但耗用钢材较多，检修运行不及中型方便。一般在下列情况下宜采用高型：①配电装置设在高产农田或地少人多的地区；②由于地形条件的限制，场地狭窄或需要大量开挖、回填土石方的地方；③原有能配电装置需要改建或扩建，而场地受到限制。在地震烈度较高的地区不宜采用高型。高型配电装置适用于 220kV 电压等级。

（3）半高型配电装置是仅将母线与断路器、电流互感器等设备上下重叠布置。半高型配电装置节约占地面积不如高型显著，但在运行、施工条件稍有改善，所用钢材比高型少。半高型适宜于 110kV 系统。

（三）屋外配电装置的布置原则

（1）母线及构架。屋外配电装置的母线有软母线和硬母线两种。软母线为钢芯铝绞线、软管母线和分裂导线，三相呈水平布置，用悬式绝缘子悬挂在母线构架上。软母线可选用较大的档距，但一般不超过三个间隔宽度，档距越大，导线弧垂越大，因而导线相间及对地距离就要增加，母线及跨越线构架的宽度和高度均需要加大。硬母线常用的有矩形和管形。矩形用于 35kV 及以下配电装置中，管形则用于 110kV 及以上的配电装置中。管形硬母线一般安装在柱式绝缘子上，母线不会摇摆，管间距离可缩小，与剪刀式隔离开关配合可以节省占地面积；管形母线直径大，表面光滑，可提高电晕起始电压。但管形母线易产生微风共振和存在端部效应，对基础不均匀下沉比较敏感，支柱绝缘子抗震能力较差。

（2）电力变压器。电力变压器外壳不带电，故采用落地布置，安装在变压器基础上。变压器基础一般做成双梁形并铺以铁轨，铁轨等于变压器的滚轮中心距。为了防止变压器发生事故时，燃油流失使事故扩大，单个油箱油量超过 1000kg 以上的变压器，按照防火要求，在设备下面需设置储油或挡油墙，其尺寸应比设备外廓大 1m，储油池内一般铺设厚度不小于 0.25m 的卵石层。

（3）高压断路器。按照断路器在配电装置中占据的位置，可分为单列、双列和三列布置。断路器的排列方式，必须根据主接线、场地地形条件、总体布置和出现方向等多种因素合理选择。

（4）避雷器。避雷器均采用高式布置，即安装在约 2m 高的混凝土基础之上。

（5）隔离开关和互感器。隔离开关和互感器均采用高式布置，要求与断路器相同。隔离开关的手动操作机构装在其靠边一相基础上。

（6）电缆沟。屋外配电装置中电缆沟的布置应使电缆所走的路径最短。

（7）道路。为了运输设备和消防的需要，应在主要设备近旁铺设行车道路。大、中型变电站内一般应铺设宽 3m 环行道。屋外配电装置内应设置 0.8～1m 的巡视小道，以便运行人员巡视电气设备，电缆沟盖板可作为部分巡视小道。

知识点二　箱式变电站

箱式变电站是一种由高压开关设备、电力变压器和低压开关设备，功率因数补偿装置、电度计量装置等组合为一体的成套配电装置。箱式变电站用于高层住宅、豪华别墅、广场公园、居民小区、中小型工厂、矿山、油田，以及临时施工用电等场所，作配电系统中接受和分配电能之用。它具有减少综合投资（如土建），减少维护费用，占地面积小，现场安装时间短等优点。箱式变电站即变电站的设备均安装在一个外型为"箱子"的容器内，具有技术先进、安全可靠、自动化程度高、工厂预制化、组合方式灵活、投资省见效快、占地面积小、外形美观等特点。

以欧式变电站为例，欧式变电站的箱体是由底座、外壳、顶盖三部分构成。底座一般用槽钢、角钢、扁钢、钢板等，组焊或用螺栓连接固定成形；为满足通风、散热和进出线的需要，还应在相应的位置开出条形孔和大小适度的圆形孔。箱体外壳、顶盖槽钢、角钢、钢板、铝合金板、彩钢板、水泥板等进行折弯、组焊或用螺钉、铰链或相关的专用附件连接成形。箱体部分采用了目前国内领先的技术及工艺，外壳一般采用镀铝锌钢板，框架采用标准集装箱的材料及制作工艺，具有良好的防腐性能，内封板采用铝合金扣板，夹层采用防火保温材料，箱体内安装空调及除湿装置，设备运行不受自然气候环境及外界污染影响，可保证在 $-40 \sim +40 ℃$ 的恶劣环境下正常运行。箱体内一次设备采用全封闭高压开关柜（如 XGN 型）、干式变压器、干式互感器、真空断路器、弹簧操作机构、旋转隔离开关等国内技术领先设备，产品无裸露带电部分，为全封闭、全绝缘结

图 5-5　箱式变电站

构，完全能达到零触电事故，全站实现无油化运行，安全性高全站智能化设计，保护系统采用变电站微机综合自动化装置，分散安装，可实现"四遥"，即遥测、遥信、遥控、遥调，每个单元均具有独立运行功能，继电保护功能齐全，可对运行参数进行远方设置，对箱体内湿度、温度进行控制和远方烟雾报警，满足无人值班的要求；根据需要还可实现图像远程监控。箱式变电站如图 5-5 所示。

知识点三　成套配电装置

一、成套配电装置概述
1. 成套配电装置分类
成套配电装置分为低压成套配电装置、高压开关柜和 SF_6 全封闭组合电器 3 类。按安

装地点不同，又分为户内式和户外式。低压配电屏只做成户内式；高压开关柜有户内式和户外式两种，由于户外有防水、锈蚀问题，故目前大量使用的是户内式；SF_6 全封闭组合电器也因屋外气候条件较差，大多布置在户内。按断路器安装方式可以分为移开式开关柜和固定式开关柜；按柜体结构的不同，可分为敞开式开关柜、金属封闭开关柜和金属封闭铠装式开关柜；按电压等级不同又可分为高压开关柜，中压开关柜和低压开关柜等。按用途分类可分为进线柜、出线柜、计量柜、补偿柜（电容柜）、母线柜。

2．开关柜

开关柜是一种电气设备，开关柜外线先进入柜内主控开关，然后进入分控开关，各分路按其需要设置。开关柜的主要作用是在电力系统发电、输电、配电和电能转换的过程中，进行开合、控制和保护用电设备。开关柜主要由断路器、隔离开关、负荷开关、操作机构、互感器以及各种保护装置等组成。开关柜主要适用于发电厂、变电站、石油化工、冶金轧钢、轻工纺织、厂矿企业和住宅小区、高层建筑等各种不同场合。

3．开关柜的基本电气参数

开关柜的基本电气参数如下：

（1）额定工作电压。

（2）额定频率。

（3）额定工作电流。

（4）额定短时耐受电流。

（5）额定耐受峰值电流。

4．开关柜的"五防"

（1）防止误分误合断路器。断路器手车必须处于工作位置或试验位置时，断路器才能进行合、分闸操作。

（2）防止带负荷移动断路器手车。断路器手车只有在断路器处于分闸状态下才能进行拉出或推入工作位置的操作。

（3）防止带电合接地刀。断路器手车必须处于试验位置时，接地刀才能进行合闸操作。

（4）防止带接地刀送电。接地刀必须处于分闸位置时，断路器手车才能推入工作位置进行合闸操作。

（5）防止误入带电间隔。断路器手车必须处于试验位置，接地刀处于合闸状态时，才能打开后门；没有接地刀的开关柜必须在高压停电后（打开后门电磁锁），才能打开后门。

二、典型低压开关柜介绍

低压开关柜类型主要有 GCL、GCS、GCK、GGD、MNS 等。下面主要介绍 GGD、MNS 两种类型。

（1）GGD 型交流低压配电柜适用于发电厂、变电站、厂矿企业等。电力用户适用于交流 50Hz，额定工作电压 400V，额定工作电流至 3150A 的配电系统。作为动力、照明及配电设备的电能转换，分配与控制之用。低压开关柜型号说明和 GGD 低压开关柜实物图如图 5-6、图 5-7 所示。

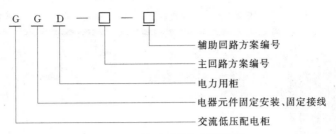

图 5-6 低压开关柜型号说明

图 5-7 GGD 低压开关柜　　　　　图 5-8 MNS 低压开关柜

（2）MNS 组合式低压开关柜系统，适用于所有发电、配电和电力使用的场所。适用于 5000A 以下的低压系统，MNS 具有高度的灵活性，可根据需求和不同的使用场合灵活混装以满足全方位的需求。MNS 低压开关柜和 MNS 低压开关柜组合系统如图 5-8 和图 5-9 所示。

三、典型高压开关柜介绍

高压开关柜的类型可分为 KGN、XGN、JYN 和 KYN 等。下面主要介绍 KYN、XGN。

1. KYN 开关柜

KYN 开关柜由固定的柜体和可抽出部件（简称手车）两大部分组成。

KYN 开关柜的外壳和隔板采用敷铝锌钢板，整个柜体不仅具有抗腐蚀与氧化作用，且机械强度高、外形美观，柜体采用组装结构，用拉铆螺母和高强度螺栓联结而成，装配好的开关柜能保持尺寸上度高精度的统一性。开关柜被隔板分成手车室、母线室、电缆室和继电器仪表室，每一单元均良好接地。KYN 开关柜结构组成如图 5-10 所示。

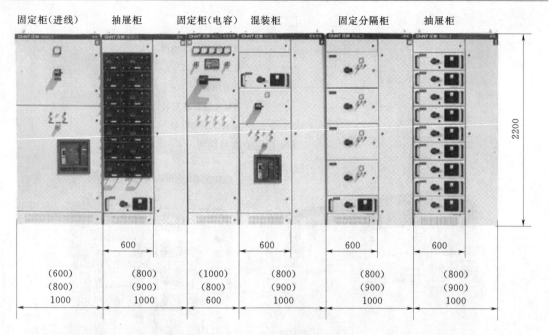

固定柜(进线)	抽屉柜	固定柜(电容)	混装柜	固定分隔柜	抽屉柜
	600		600	600	600
(600)	(800)	(1000)	(800)	(800)	(800)
(800)	(900)	(800)	(900)	(900)	(900)
1000	1000	600	1000	1000	1000

图 5-9　MNS 低压开关柜组合系统外形尺寸（单位：mm）

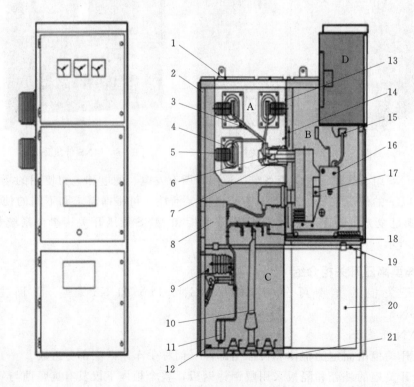

图 5-10　KYN 开关柜结构组成

A—母线室；B—（断路器）手车室；C—电缆室；D—继电器仪表室

1—泄压装置；2—外壳；3—分支母线；4—母线套管；5—主母线；6—静触头装置；7—静触头盒；8—电流互感器；9—接地开关；10—电缆；11—避雷器；12—接地母线；13—装卸式隔板；14—隔板（活门）；15—二次插头；16—断路器手车；17—加热去湿器；18—可抽出式隔板；19—接地开关操作机构；20—控制小线槽；21—底板

（1）母线室。母线室布置在开关柜的背面上部，作安装布置三相高压交流母线及通过支路母线实现与静触头连接之用，全部母线用绝缘套管塑封。在母线穿越开关柜隔板时，用母线套管固定。如果出现内部故障电弧，能限制事故蔓延到邻柜，并能保障母线的机械强度。

（2）手车（断路器）室。在断路器室内安装了特定的导轨，供断路器手车在内滑行与工作。手车能在工作位置、试验位置之间移动。静触头的隔板（活门）安装在手车室的后壁上。手车从试验位置移动到工作位置过程中，隔板自动打开，反方向移动手车则完全复合，从而保障了操作人员不触及带电体。

（3）电缆室。电缆室内可安装电流互感器、接地开关、避雷器（过电压保护器）以及电缆等附属设备，并在其底部配制开缝的可卸铝板，以确保现场施工的方便。

（4）继电器仪表室。继电器室的面板上，安装有微机保护装置、操作把手、仪表、状态指示灯（或状态显示器）等；继电器室内，安装有端子排、微机保护控制回路直流电源开关、微机保护工作直流电源、储能电机工作电源开关（直流或交流），以及特殊要求的二次设备。带电显示装置由高压传感器和带电显示器两单元组成。该装置不但可以指示高压回路带电状况，而且还可以与电磁锁配合，强制闭锁，从而实现带电时无法关合接地开关、防止误入带电间隔，从而提高了配套产品的防误性能。为了防止在湿度变化较大的气候环境中产生凝露而带来危险，在断路器室和电缆室内分别装设加热器，以便开关柜在上述环境中安全运行柜体不被腐蚀。

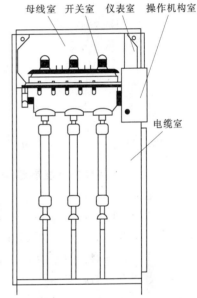

图 5-11 XGN 开关柜组成

2. XGN 开关柜

XGN 箱型固定式交流金属封闭开关设备如图 5-11 所示，X 为箱式开关设备，G 为固定式，N 为户内装置。

（1）母线室布置在柜的上部。在母线室中主母线连接在一起，贯穿整排开关柜。

（2）主开关室内装有负荷开关，负荷开关的外壳为环氧树脂浇注而成，充 SF_6 气体为绝缘介质，在壳体上设有观察孔。

（3）开关柜有宽裕的电缆室，主要用于电缆连接，使单芯或三芯电缆可以采用最简单的非屏蔽电缆头进行连接，同时充裕的空间还可以容纳避雷器，电流互感器，下接地开关等元件。柜门有观察窗和安全联锁装置，电缆底板根据要求设有电缆密封圈，并配有支撑架和大小相宜的电缆夹。

（4）带联锁的低压室同时起到控制屏的作用。低压室内装有带位置指示器的弹簧操动机构和机械联锁装置，也可以装设辅助触点、跳闸线圈、紧急跳闸机构、电容型带电显示装置、钥匙锁和电动操作装置，同时低压室的空间还可以供装设控制回路、计量仪表和保护继电器等。

四、组合电器

高压断路器虽是电力系统中最核心、最重要的控制和保护设备，但在系统使用上还需将其他高压电气设备相组合才能实现和完成对电力系统的控制和保护。这种将两种或两种以上高压电气设备，按电气主接线要求组成一个有机的整体而各电气设备元件仍能保持原规定功能的装置称为组合电器。110kV GIS 结构示意图如图 5-12 所示。

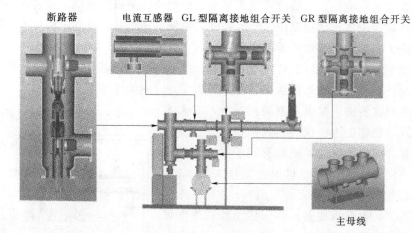

图 5-12 110kV GIS 结构示意图

（一）组合电器分类及发展趋势

组合电器常分为：

封闭式组合电器，型号为 ZF；简称 GIS、C-GIS；

复合式组合电器，型号为 ZH；简称 HIS、PASS、MITS；

敞开式组合电器，型号为 ZC；简称 H-GIS。

组合电器发展的趋势如下：

（1）环保型。用混合气体代替 SF_6 气体，减少 SF_6 气体的使用量；使用热固性环氧树脂代替热塑性材料，以提高环境适应性。

（2）小型化。利用新型灭弧技术；采用弹簧操作机构或其他新型机构；采用复合化元件，功能和结构上的集成；小型化的光电元件的大量使用。

（3）智能型。采用电动驱动断路器；一次、二次系统的集成。

（4）复合化开关设备。组合电器正向以断路器为中心，从敞开式结构演变成复合型开关设备的趋势。GIS 造价高，使用的 SF_6 气体量非常大，而在保留 GIS 优点的同时，将一些元件置于大气中与新兴的监测技术和计算机技术结合，演化成新一代的组合电器。

（5）高电压大容量。目前已开发出 1100kV 的 GIS，额定电流 8000A，额定开断电流 63kA 的新型组合电器。

（二）GIS 组合电器

1. GIS 结构

GIS 的结构可分为两种：单极封闭式（分箱）和三极封闭式（共箱）。

单极封闭式：除变压器外，一次系统设备中各高压电器元件的每一极封闭在一个独立的外壳内，带电部分采用同轴结构，电场较均匀系统运行时不会产生三相短路故障或开断时三极无电弧干扰。缺点是外壳数量及封闭面较多，漏气可能性较大，电压等级越高，设备体积越大，占地面积越广。

三极封闭式：将三极封闭在一个公共的外壳内，结构紧凑，外壳数量少，漏气可能性小，逐步被用户接受和认可。

2. GIS 运行管理

由于 GIS 产品是封闭压力系统设备，运行环境条件没有诸如雨水、污秽、潮湿、覆冰等的直接影响，工作环境状况明显优于空气绝缘的开关设备，加之 SF_6 气体具有优良的灭弧和绝缘特性，这些因素及特性使得 GIS 设备几乎成为免维护和检查的电力设备，然而，适当的运行管理可以延长 GIS 设备的使用寿命。

GIS 设备的运行维护内容主要围绕性能参数的保持（如设备运行压力、断路器操作特性、隔离开关接地开关的开关特性等）、性能参数的恢复（如在异常情况下，GIS 各元件达规定动作次数等）、防腐等方面进行，可分为日常检查、定期检查、特殊检查。

日常检查：是一种用肉眼进行的外观检查，用以检查设备的工作状况及运行中可能出现的异常情况。

定期检查：是一种维护 GIS 设备使之处于正常工作状况的周期性行为。定期检查分为常规检查和详细的定期检查。

特殊检查：是一种临时性的检查，目的在于恢复 GIS 导电能力和运行性能。

思 考 题

1. 配电装置的作用是什么？
2. 对配电装置有哪些基本要求？
3. 什么是最小安全净距？
4. 什么是 GIS 组合电器？
5. 屋外配电装置的类型有哪些？适用范围分别是什么？
6. GIS 组合电器对比其他类型的配电装置有什么优点？

模块六 低压开关设备安装与维护

知识点一 低 压 电 器

低压电器是一种能根据外界的信号和要求，手动或自动地接通、断开电路，以实现对电路或非电路对象的切换、控制、保护、检测、变换和调节的元件或设备。应用于交流1200V、直流1500V及以下的电路中。在实际的工作中，低电压电器通常是指380V及以下电压等级中使用的电器设备。

按用途可分为两大类：

（1）低压配电电器包括刀开关、转换开关、熔断器和断路器。主要用于低压配电系统中，要求在系统发生故障的情况下动作准确、工作可靠。

（2）低压控制电器包括接触器、控制继电器、启动器、控制器、主令电器和电磁铁等，主要用于电气传动系统中。要求工作寿命长、体积小、质量轻、工作可靠。

常用低压电器有熔断器、热继电器、中间继电器、接触器、开关、按钮、自动空气开关等。

一、熔断器

1. 作用

熔断器是一种过电流保护器，主要由熔体和熔管以及外加填料等部分组成。使用时，将熔断器串联于被保护电路中，当被保护电路出现过载或短路情况时，过载电流或短路电流通过熔断器的熔体时，熔体自身将发热而熔断电路被断开，从而实现对电力系统、各种电工设备以及家用电器都起到一定保护的作用。熔断器结构简单，使用方便，被作为保护器件广泛应用于电力系统、各种电气设备和家用电器中。

2. 分类

（1）插入式熔断器：它常用于380V及以下电压等级的线路首端，在配电支线或电气设备中起短路保护作用。低压熔断器及图形符号如图6-1所示。

（2）螺旋式熔断器：熔体上的上端盖有一熔断指示器，一旦熔体熔断，指示器马上弹出，可透过瓷帽上的玻璃孔观察到，它常用于机床电气控制设备中。螺旋式熔断器分断电流较大，可用于电压等级500V及其以下、电流等级200A以下的电路中，作短路保护。螺旋式熔断器如图6-2所示。

（3）封闭式熔断器：封闭式熔断器分有填料熔断器和无填料熔断器两种。有填料熔断器一般用方形瓷管，内装石英砂及熔体，分断能力强，用于电压等级500V以下、电流等级1kA以下的电路中。无填料密闭式熔断器将熔体装入密闭式圆筒中，分断能力稍小，用于500V以下，600A以下电力网或配电设备中。图6-3为无填料熔断器。

（4）快速熔断器：快速熔断器主要用于半导体整流元件或整流装置的短路保护。由于

FU

图6-1 低压熔断器及图形符号

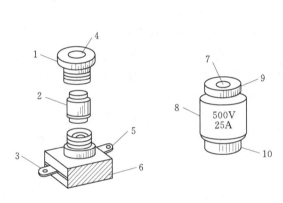

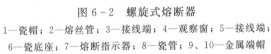

图6-2 螺旋式熔断器

1—瓷帽；2—熔丝管；3—接线端；4—观察窗；5—接线端；

6—瓷底座；7—熔断指示器；8—瓷管；9、10—金属端帽

图6-3 无填料熔断器

半导体元件的过载能力很低，只能在极短时间内承受较大的过载电流，因此要求熔断器具有快速熔断的能力。快速熔断器的结构与有填料封闭式熔断器基本相同，但熔体材料和形状不同，它是以银片冲制的有 V 形深槽的变截面熔体。快速熔断器如图6-4所示。

（5）自复熔断器：采用金属钠作熔体，在常温下具有高电导率。当电路发生短路故障时，短路电流产生高温使钠迅速汽化，汽态钠呈现高阻态，从而限制了短路电流。当短路电流消失后，温度下降，金属钠恢复原来的良好导电性能。自复熔断器只能限制短路电流，不能真正分断电路。其优点是不必更换熔体，能重复使用。

图6-4 快速熔断器

3. 熔断器技术参数

（1）额定电压。额定电压指熔断器分断前可长期承受的工作电压。

（2）额定电流。额定电流指熔断器在长期工作制下，各部件温升不超过规定值时所能承载的电流。

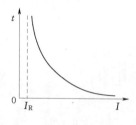

图 6-5 安秒特性曲线

（3）保护特性。主要是指熔断器的安秒特性曲线，安秒特性是指熔断器开断电流和开断所需时间的特性曲线。熔断器的熔断时间随电流增大而缩短，具有反时限特性。安秒特性曲线如图 6-5 所示。

（4）极限分断能力。熔断器在规定的工作条件（电压和功率因数）下能分断的最大电流值。

4. 熔断器结构及选择

熔断器主要由熔体、外壳和支座三部分组成，其中熔体是控制熔断特性的关键元件。熔体的材料、尺寸和形状决定了熔断特性。熔体材料分为低熔点和高熔点两类。一般用铅、铅锡合金、锌、铜、银等金属材料。铅、铅锡合金、锌的熔点较低，分别为 320℃、200℃ 和 420℃，但导电性差，所以这些材料制成的熔体截面相当大，熔断产生的金属蒸汽较多，对灭弧不利，故仅用于 500V 及以下的低压熔断器中。高熔点材料如铜、银，其熔点分别为 1080℃ 和 960℃，不易熔断，但由于其电阻率较低，截面尺寸比低熔点熔体要小得多，熔断时产生的金属蒸气很少，适用于高分断能力的熔断器。熔体的形状分为丝状和带状两种。改变截面的形状可显著改善熔断器的熔断特性。熔体额定电流不等于熔断器额定电流，熔体额定电流按被保护设备的负荷电流选择，熔断器额定电流应大于熔体额定电流，与主电器配合确定。

知识扩展：

"冶金效应"，是指有的熔断器（如 RN2 型、RT0 型等）的铜熔体上所焊的锡球，在过负荷时首先熔化，包裹住铜熔体，铜锡相互渗透，形成熔点较铜熔点低的铜锡合金，从而使铜熔体能在较低的温度下熔断，以实现过负荷保护。这种效应，就称为冶金效应。因此铜熔体上焊锡球（在 RT0 型的熔体上为"锡桥"），目的就是改善熔断器的保护性能，不仅能实现短路保护，而且能更好地实现过负荷保护。

熔断器类型的选择主要依据负载的保护特性和短路电流的大小。对于容量小的电动机和照明支线，常采用熔断器作为过载及短路保护，选择熔体的熔化系数可以适当小些。对于较大容量的电动机和照明干线，则应着重考虑短路保护和分断能力。通常选用具有较高分断能力的 RM10 和 RL1 系列的熔断器；当短路电流很大时，宜采用具有限流作用的 RT0 和 RT12 系列的熔断器。

熔体的额定电流可按以下方法确定：

（1）保护无起动过程的平稳负载如照明线路、电阻、电炉等时，熔体额定电流略大于或等于负荷电路中的额定电流。

（2）保护单台长期工作的电机熔体电流可按最大启动电流选取，一般可按下式选取：

$$I_{RN} \geqslant (1.5 \sim 2.5) I_N$$

式中　I_{RN}——熔体额定电流；

　　　I_N——电动机额定电流。

如果电动机频繁启动，式中系数可适当加大至 $3 \sim 3.5$，具体应根据实际情况而定。

（3）保护多台长期工作的电机（供电干线）。

$$I_{RN} \geqslant (1.5 \sim 2.5) I_{N\,max} + \sum I_N$$

式中　$I_{N\,max}$——容量最大单台电机的额定电流。

　　　$\sum I_N$——其余电动机额定电流之和。

二、热继电器

1. 用途

热继电器就是利用电流热效应工作的保护电器，在电气控制线路中主要用于电动机的过载保护。过载电流大，则热继电器动作时间较短；过载电流小，则热继电器动作时间较长；而在正常额定电流时，则热继电器长期保持无动作，由于热继电器具有体积小，结构简单、成本低等优点，在生产和生活中得到了广泛应用。

2. 结构

热继电器符号为 FR。它由发热元件、双金属片、触点及一套传动和调整机构组成。发热元件是一段阻值不大的电阻丝，串接在被保护电动机的主电路

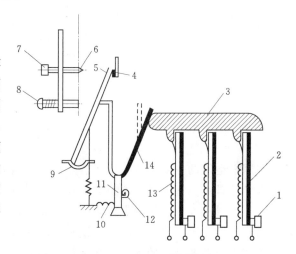

图 6-6　热继电器结构图

1—固定柱；2—双金属片；3—导板；4、6—静触头 5—动触头连杆；7—螺钉；8—复位按钮；9—簧片；10—弹簧；11—支撑杆；12—调节偏心轮；13—加热元件；14—补偿双金属片

中。双金属片由两种不同热膨胀系数的金属片辗压而成，双金属片是关键的测量元件。热继电器结构图如图 6-6 所示，热继电器各部件图形文字符号如图 6-7 所示。

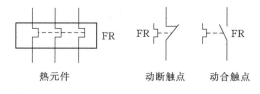

图 6-7　热继电器图形及文字符号

3. 动作原理

热继电器的工作原理是图 6-6 中加热元件 13 串接在电动机控制线路中，电动机绕组电流即为流过加热元件的电流。双金属片由两种热膨胀系数不同的金属通过机械碾压形成一体，热膨胀系数大的一侧称为主动层，小的一侧称为被动层。流入热元件的电流产生热量使双金属片通过电流受热产生热膨胀，但由于两层金属的热膨胀系数不同，且两层金属又紧密地结合在一起，致使双金属片向被动层一侧弯曲，因受热而弯曲的双金属片发生形变，当形变达到一定距离时，金属片产生的机械力推动连杆动作带动动触头产生分断电路的动作。从而使接触器失电，主电路断开，实现电动机的过载保护。

4. 选择及维护

热继电器加热元件的额定电流根据被保护电动机的额定电流来选取，即加热元件的额定电流应接近或略大于电动机额定电流。热继电器在使用过程中需注意以下事项：

（1）热继电器动作后复位要一定的时间，自动复位时间应在 5min 内完成，手动复位要在 2min 后才能按下复位按钮。

（2）发生短路故障后，要检查热元件和双金属片是否变形，如有不正常情况，应及时调整，但不能将元件拆下，也不能弯折双金属片。

（3）使用中的热继电器每周应检查一次，具体内容是热继电器有无过热、异味及放电现象，各部件螺丝有无松动，脱落及解除不良，表面有无破损以及清洁与否。

（4）使用中的热继电器每年应检修一次，具体内容是清扫卫生，查修零部件，测试绝缘电阻应大于 1MΩ，通电校验。经校验过的热继电器，除了接线螺钉之外，其他螺钉不要随便移动。

（5）更换热继电器时，新安装的热继电器必须符合原来的规格与要求。

三、中间继电器

1. 用途

中间继电器的主要用途是增多节点数目、增大节点容量，起到一个必要的延时。

动作原理：当继电器线圈施加激励量等于或大于其动作值时，衔铁被吸向导磁体，同时衔铁压动触点弹片，使触点接通、断开或切换被控制的电路。当继电器的线圈被断电或激励量降低到小于其返回值时，衔铁和接触片返回到原来位置。

中间继电器各部件的图形和文字符号如图 6-8 所示。

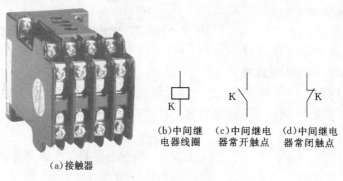

（a）接触器　（b）中间继电器线圈　（c）中间继电器常开触点　（d）中间继电器常闭触点

图 6-8　接触器图形及符号

2. 中间继电器主要技术参数

（1）继电器额定参数。

继电器额定电压（电流）指继电器线圈电压（电流）的额定值，用 $U_N(I_N)$ 表示。

继电器吸合电压（电流）指使继电器衔铁开始运动时线圈的电压（电流值）。

继电器释放电压（电流）指衔铁开始返回动作时线圈的电压（电流）值。

（2）动作与返回时间。继电器动作时间指继电器从接通电源起，到继电器常开触头闭合为止所经过的时间；继电器返回时间则指从断开继电器电源起，至继电器常闭触头闭合为止所经过的时间。一般继电器动作时间与返回时间为 0.05～0.15s，快速继电器可达

0.005～0.05s，动作与返回时间直接决定了继电器的可操作频率。

（3）触头开闭能力。在交、直流电压不大于250V的电路中，各种功率的继电器开闭能力见表6-1。

表6-1   继电器触头开闭能力参考表

继电器类别	触头的允许断开功率		触头的允许接通电流		继电器长期允许的闭合电流/A
	直流/W	交流/W	直流/A	交流/A	
小功率	20	100	0.5	1	0.5
一般功率	50	250	2	5	2
大功率	200	1000	5	10	5

（4）继电器整定值。触头系统切换时，继电器需输入相应电参数的数值称为继电器整定值。大部分继电器的整定值可以调整，通过调节继电器反作用弹簧与工作气隙，实现继电器的吸合电压或吸合电流、断开电压或断开电流的调节，使之调节到使用时所要求的值。

（5）继电器其他参数。使继电器衔铁动作所必须具有的最小功率称为继电器灵敏度；从继电器引出端测得的一组继电器闭合触头间的电阻值称为继电器接触电阻；继电器寿命则指在规定环境条件和触头负载下，按产品技术要求，继电器能够正常动作的最小次数。继电器在正常负荷下，寿命不低于1万次。

四、接触器

1. 接触器作用

交流接触器是广泛用于电路的开断和控制电路。它利用主触点来开闭电路，用辅助接点来执行控制指令。主接点一般只有常开接点，而辅助接点常有两对具有常开和常闭功能的接点，小型的接触器也经常作为中间继电器配合主电路使用。交流接触器的接点，由银钨合金制成，具有良好的导电性和耐高温烧蚀性。

2. 接触器结构

交流接触器主要有四部分组成：

（1）电磁系统，包括吸引线圈、动铁芯和静铁芯。

（2）触头系统，包括三组主触头和一至两组常闭、常闭辅助触头，它和动铁芯是连在一起互相联动的。

（3）灭弧装置，一般容量较大的交流接触器都设有灭弧装置，以便迅速切断电弧避免烧坏主触头。

（4）绝缘外壳及附件，各种弹簧、传动机构、短路环、接线柱等。

当线圈通电时静铁芯产生电磁吸力将动铁芯吸合，由于触头系统是与动铁芯联动的，动铁芯带动三条动触片同时运行，触点闭合从而接通电源。当线圈断电时吸力消失，动铁芯联动部分依靠弹簧的反作用力而分离使主触头断开切断电源。接触器结构如图6-9所示。

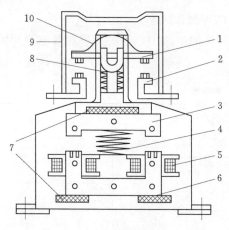

图 6-9 接触器结构

1—动触桥；2—静触头；3—衔铁；4—缓冲弹簧；
5—电磁线圈；6—铁芯；7—垫毡；8—触头弹簧；
9—灭弧罩；10—触头压力簧片

3. 接触器选用

（1）按接触器的控制对象、操作次数及使用类别选择。

（2）按使用位置处线路的额定电压选择。

（3）按负载容量选择接触器主触头的额定电流。

（4）对于吸引线圈的电压等级和电流种类，应考虑控制电源的要求。

（5）对于辅助接点的容量选择，要按联锁回路的需求数量及所连接触头的遮断电流大小考虑。

（6）对于接触器的接通与断开能力问题，选择时还应注意负载的类型，如电容器、钨丝灯等照明器，其接通时电流数值大，通断时间也较长，选择时应留有余量。

（7）对于接触器的电寿命及机械寿命问题，由已知每小时平均操作次数和机器的使用寿命年限，计算需要的电寿命，若不能满足要求则应降容使用。

（8）选择时应考虑环境温度、湿度，使用场所的振动、尘埃、化学腐蚀等，应按相应环境选用不同类型接触器。

4. 接触器维护

运行维护时检查项目如下：

（1）通过的负荷电流是否在接触器额定值之内。

（2）接触器的分合信号指示是否与电路状态相符。

（3）运行声音是否正常，有无因接触不良而发出放电声。

（4）电磁线圈有无过热现象，电磁铁的短路环有无异常。

（5）灭弧罩有无松动和损伤情况。

（6）辅助触点有无烧损情况。

（7）传动部分有无损伤。

（8）周围运行环境有无不利运行的因素，如振动过大、通风不良、尘埃过多等。

五、按钮

按钮，是一种常用的控制电器元件，常用来接通或断开控制电路（其中电流很小），从而控制电动机或其他电气设备运行的一种元件。

控制按钮主要用于低压控制电路中，手动发出控制信号，以控制接触器、继电器等，按钮触头允许通过的电流较小，一般不超过 5A。

1. 控制按钮结构

按钮外形及结构如图 6-10 所示，当手动按下按钮帽时，常闭触头断开，常开触头闭合；当手松开时，复位弹簧将按钮的动触头恢复原位，从而实现对电路的控制。控制按钮有单式按钮、复式按按钮和三联式按钮等型式。

为便于识别各按钮作用，避免误操作，在按钮帽上制成不同标志并采用不同颜色以示区别，一般红色表示停止按钮，绿色或黑色表示启动按钮。不同场合使用的按钮还会制成不同的结构，例如紧急式按钮装有突出的蘑菇形按钮帽以便于紧急操作，旋钮式按钮通过旋转进行操作，指示灯式按钮在透明的按钮帽内装和信号进行信号显示，钥匙式按钮必须用钥匙插入方可旋转操作等。

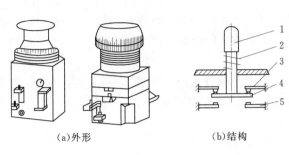

(a)外形　　　　　　(b)结构

图 6-10　按钮开关外形和结构

1—按钮帽；2—复位弹簧；3—常闭触头；

4—动触头；5—常开触头

2. 控制按钮型号

控制按钮型号标注型式为：

$$\underset{①}{L} \quad \underset{②}{A} \quad \underset{③}{2} \quad - \underset{④}{\square} \underset{⑤}{\square} \underset{⑥}{\square}$$

①—主令电器代号；②—按钮；③—设计代号；④—常开触头数量；⑤—常闭触头数量；⑥—按钮结构形式（K—开启式，H—保护式，S—防水式，F—防腐式，J—紧急式，Y—钥匙式，X—旋钮式，D—带指示灯式，DJ—紧急带指示灯式）。

3. 控制按钮选用

按钮类型选用应根据使用场合和具体用途确定。例如控制柜面板上的按钮一般选用开启式，需显示工作状态则选用带指示灯式，重要设备为防止无关人员误操作就需选用钥匙式。按钮颜色根据工作状态指示和工作情况要求选择，见表6-2。

表 6-2　　　　　　　　　　　　按 钮 颜 色 及 其 含 义

按钮颜色	含 义	说 明	应 用 示 例
红	紧急	危险或紧急情况时操作	急停
黄	异常	异常情况时操作	干预制止异常情况
绿	正常	正常情况时启动操作	正常情况时启动操作
蓝	强制性	要求强制动作情况下操作	复位功能
白	未赋予特定含义	除急停以外的一般功能的启动	启动/接通（优先）、停止/断开
灰			启动/接通、停止/断开
黑			启动/接通、停止/断开（优先）

按钮数量应根据电气控制线路的需要选用。例如需要正、反和停三种控制处，应选用三只按钮并装在同一按钮盒内，只需启动及停止控制时则选用两只按钮并装在同一按钮盒内等。

六、自动空气开关

1. 用途

自动空气开关又称自动空气断路器，是低压配电网络和电力拖动系统中非常重要的一种电器，它集控制和多种保护功能于一身。除了能完成接触和分断电路外，尚能对电路或电气设备发生的短路，严重过载及欠电压等进行保护，同时也可以用于不频繁地启动电动机。

自动空气开关具有操作安全、使用方便、工作可靠、安装简单，动作后（如短路故障排除后）不需要更换元件（如熔体）等优点。因此，在工业、住宅等方面获得广泛应用。

2. 分类

（1）按极数分：单极、两极和三极。

（2）按保护形式分：电磁脱扣器式、热脱扣器式、复合脱扣器式（常用）和无脱扣器式。

（3）按全分断时间分：一般和快速式（先于脱扣机构动作，脱扣时间在 0.02s 以内）。

（4）按结构型式分：塑壳式、框架式、限流式、直流快速式、灭磁式和漏电保护式。

3. 开关结构

自动空气开关原理图如图 6 - 11 所示。

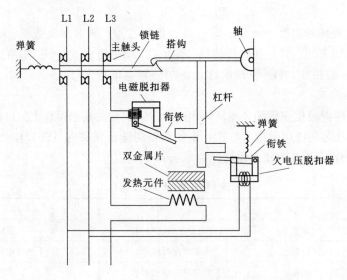

图 6 - 11　自动空气开关原理图

自动空气开关的三副主触头串联在被控制的三相电路中。当按下接触按钮时，外力使锁扣克服反力弹簧的斥力，将固定在锁扣上面的动触头与静触头闭合，并由锁扣锁住搭钩，使开关处于接通状态。

当开关接通电源后，电磁脱扣器热脱扣器及欠电压脱扣器若无异常反应，开关运行正常。当线路发生短路或严重过载电流时，短路电流超过瞬时脱扣整定电流值，电磁脱扣器产生足够大的吸力，将衔铁吸合并撞击杠杆，使搭钩绕转轴座向上转动与锁扣脱开，锁扣在反力弹簧的作用下将三副主触头分断，切断电源。

当线路发生一般性过载时，过载电流虽不能使电磁脱扣器动作，但能使热元件产生一定热量，促使双金属片受热向上弯曲，推动杠杆使搭钩与锁扣脱开，将主触头分断，切断电源。

欠电压脱扣器的工作过程与电磁脱扣器恰恰相反，当线路电压正常时电压脱扣器产生足够的吸力，克服拉力弹簧的作用将衔铁吸合，衔铁与杠杆脱离，锁扣与搭钩才得以锁住，主触头方能闭合。当线路上电压全部消失或电压下降至某一数值时，欠电压脱扣器吸力消失或减小，衔铁被拉力弹簧拉开并撞击杠杆，主电路电源被分断。同样道理，在无电源电压或电压过低时，自动空气开关也不能接通电源。

正常分断电路时，扳下空气开关手柄即可。

知识点二　电 力 电 容 器

一、电力电容器概述

任意两块金属导体，中间用绝缘介质隔开，即构成一个电容器。电容器电容的大小，由其几何尺寸和两极板间绝缘介质的特性来决定。当电容器在交流电压下使用时，常以其无功功率表示电容器的容量，单位为法。

电力电容器的主要作用有移相、耦合、降压、滤波等，常用于高低压系统并联补偿无功功率等。电力系统中的负荷（如电动机、电焊机、感应电炉等）除了消耗有功功率外，还要"吸收"无功功率。电力系统中的变压器运行同样也需要无功功率，如果所有无功功率都由发电机提供会增加线路损耗，不但不经济还会影响电压质量。而电力电容器在正弦交流电路中能够提供无功功率，把电容器并接在需要消耗无功功率的负荷（如电动机）或输电设备（如变压器）上运行，这些负荷或输电设备需要的无功功率，可以由电容器提供。通过电容器的无功补偿，就可减少线路能量损耗、减少线路电压降、改善电压质量，提高系统供电能力。电力电容器如图6-12所示。

图6-12　电力电容器

二、电力电容器分类

在电力系统中根据电压等级电力电容器可分为高压电力电容器（6kV以上）和低压电力电容器（400V）。按照用途电力电容器又可分为以下8种：

（1）并联电容器（又称移相电容器）。并联电容器主要用于补偿电力系统感性负荷的无功功率，以提高功率因数，改善电压质量，降低线路损耗。

（2）串联电容器。串联电容器串联于工频高压输、配电线路中，用以补偿线路的分布感抗，提高系统的静、动态稳定性，改善线路的电压质量，加长送电距离和增大输送能力。

（3）耦合电容器。耦合电容器主要用于高压电力线路的高频通信、测量、控制、保护以及在抽取电能的装置中作部件用。

（4）断路器电容器（又称均压电容器）。断路电容器并联在超高压断路器断口上起均压作用，使各断口间的电压在分断过程中和断开时均匀，并可改善断路器的灭弧特性，提高分断能力。

（5）电热电容器。电热电容器用于频率为40～24000Hz的电热设备系统中，以提高功率因数，改善回路的电压或频率等特性。

（6）脉冲电容器。脉冲电容器主要起储能作用，用作冲击电压发生器、冲击电流发生器、断路器试验用振荡回路等基本储能元件。

（7）直流滤波电容器。直流滤波电容器用于高压直流装置和高压整流滤波装置中。

（8）标准电容器。标准电容器用于工频高压测量介质损耗回路中，作为标准电容或用作测量高压的电容分压装置。

三、电力电容器安装注意事项

（1）安装电容器时，每台电容器的接线最好采用单独的软线与母线相连，不要采用硬母线连接，以防止装配应力造成电容器套管损坏，破坏密封而引起的漏油。

（2）电容器回路中的任何不良接触，均可能引起高频振荡电弧，使电容器因工作电场强度增大和发热而损坏。因此，安装时必须保持电气回路和接地部分的接触良好。

（3）较低电压等级的电容器经串联后运行于较高电压等级网络中时，外壳对地之间，应通过加装相当于运行电压等级的绝缘子等措施，使之可靠绝缘。

（4）电容器经星形连接后，用于高一级额定电压，且系中性点不接地时，电容器的外壳应对地绝缘。

（5）电容器安装之前，要分配一次电容量，使其相间平衡，偏差不超过总容量的5%。当装有继电保护装置时还应满足运行时平衡电流误差不超过继电保护动作电流的要求。

（6）对个别补偿电容器的接线应做到：对直接启动或经变阻器启动的感应电动机，其提高功率因数的电容可以直接与电动机的出线端子相连接，两者之间不要装设开关设备或熔断器；对采用星—三角启动器启动的感应式电动机，最好采用三台单相电容器，每台电容器直接并联在每相绕组的两个端子上，使电容器的接线总是和绕组的接法相一致。

（7）对分组补偿低压电容器，应该连接在低压分组母线电源开关的外侧，以防止分组母线开关断开时产生的自激磁现象。

（8）集中补偿的低压电容器组，应专设开关并装在线路总开关的外侧，不要装在低压母线上。

四、电力电容器操作注意事项

由于电力电容器投运越来越多，但管理不善及其他技术原因，常导致电力电容器损坏甚至发生爆炸，原因主要有以下几种：

（1）电容器内部元件击穿：主要是由于制造工艺不良引起的。

（2）电容器对外壳绝缘损坏：电容器高压侧引出线由薄铜片制成，如果制造工艺不良，边缘不平有毛刺或严重弯折，其尖端容易产生电晕，电晕会使油分解、箱壳膨胀、油面下降而造成击穿。另外，在封盖时，转角处如果烧焊时间过长，将内部绝缘烧伤并产生油污和气体，使电压大大下降而造成电容器损坏。

（3）密封不良和漏油：由于装配套管密封不良，潮气进入内部，使绝缘电阻降低；或因漏油使油面下降，导致极对壳放电或元件击穿。

（4）鼓肚和内部游离：由于内部产生电晕、击穿放电和内部游离，电容器在过电压的作用下，使元件起始游离电压降低到工作电场强度以下，由此引起物理、化学、电气效应，使绝缘加速老化、分解，产生气体，形成恶性循环，使箱壳压力增大，造成箱壁外鼓以致爆炸。

（5）带电荷合闸引起电容器爆炸：任何额定电压的电容器组均禁止带电荷合闸。电容器组每次重新合闸，必须在开关断开的情况下将电容器放电 3min 后才能进行，否则合闸瞬间因电容器上残留电荷而引起爆炸。为此一般规定容量在 160kvar 以上的电容器组，应装设无压时自动放电装置，并规定电容器组的开关不允许装设自动合闸。

（6）由于温度过高、通风不良、运行电压过高、谐波分量过大或操作过电压等原因引起电容器损坏爆炸。

五、电力电容器的运行及维护

1. 运行基本要求

（1）电容器各相的容量应相等。

（2）应在额定电压和额定电流下运行，其变化范围应在允许范围内。

（3）电容器室内通风良好，运行温度不超过允许值。

（4）电容器不可带残余电荷合闸，拉闸后必须经过充分放电后方可合闸。

2. 允许运行方式

（1）允许运行电压一般不宜超过额定电压的 1.05 倍，最高运行电压不得超过 1.1 倍额定电压。

（2）最大运行电流不得超过额定电流的 1.3 倍，三相电流差不得超过额定电流的 5%。

（3）电容器外壳温度不得超过 55℃。

3. 电容器维护

（1）应经常巡视，每天不得少于一次。

（2）保护装置动作后，不允许强行试送，待查明原因并排除故障后，方可再次投入使用，原因不明时，电容器应试验后才能投入。

（3）处理故障时应将接地开关合上进行人工放电后，方可接触电容器。

（4）如装有外部熔断器，则对完好的电容器上的熔断器也应进行定期检查和更换。

六、电力电容器操作规程

（1）高压电容器组外露的导电部分，应有网状遮拦，进行外部巡视时，禁止将运行中电容器组的遮拦打开。

（2）任何额定电压的电容器组，禁止带电荷合闸，每次断开后重新合闸，须在接地短路三分钟后（即经过放电后少许时间）方可进行。

（3）更换电容器的保险丝，应在电容器没有电压时进行。进行电容器保险丝更换前，应对电容器放电。

（4）电容器组的检修工作应在全部停电时进行，先断开电源，将电容器接地放电后，才能进行工作。高压电容器应根据工作票，低压电容器可根据口头或电话命令，但应做好书面记录。

思　考　题

1. 举例说明生活中的几种低压配电电器、低压控制电器。

2. 接触器中短路环的作用是什么？

3. 电力电容器在电力系统中的作用？

4. 无功功率的定义是什么？

5. 在电力系统中，无功功率有什么作用？

6. 试识读图 6-13，并进行设备数量及型号统计。

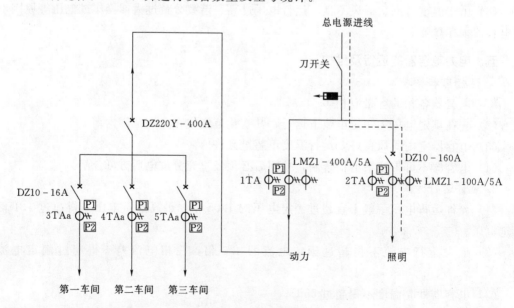

图 6-13　一次系统图

模块七 过电压保护

知识点一 雷电、过电压概述

一、雷电的基本知识

雷电是发生在大气层中大气或云块在气流作用下产生异性电荷的积累使某处空气被击穿，电荷中和产生强烈的声、光、电并发的一种物理现象，通常是指带电的云层对大地之间、云层与云层之间、云层内部的放电现象。雷属于大气声学现象，是大气中的小区域强烈爆炸产生的冲击波而形成声波，而闪电则是大气中发生的火花放电现象。

闪电通常会在雷雨天出现，偶尔也出现在雷暴、雨层云、尘暴、火山爆发时。闪电的最常见形式是线状闪电，偶尔也可出现带状、球状、串球状、枝状等。线状闪电可在云内、云与云间、云与地面间产生，其中云内、云与云间闪电占大部分，而云与地面间的闪电仅占 1/6，但其对人类危害最大。

电闪雷鸣时在户外的人，为防雷击应当遵从以下五条原则：

（1）人体应尽量降低自己所处的高度，以免作为凸出尖端而被闪电直接击中。

（2）人体与地面的接触面要尽量缩小以防止因"跨步电压"造成伤害。

（3）不可到孤立大树下和无避雷装置的高大建筑体附近，不可手持金属体高举头顶。

（4）不要进水中，因水体导电好，易遭雷击。

（5）雷电期间在室内者，不要靠近窗户，尽可能远离电灯、电话、室外天线的引线等；在没有避雷装置的建筑物内，应避免接触烟囱、自来水管、暖气管道、钢柱等。

二、过电压类型

造成过电压的几种情况介绍如下：

（1）直击雷。直击雷是雷击危害最主要的一种形式。由于直击雷是带电的云层对大地上的某一点发生猛烈的放电现象，所以它的破坏力十分巨大，若不能迅速将其泻放入大地，将导致放电通道内的物体、建筑物、设施、人畜遭受严重的破坏或损害。

（2）雷电波侵入。雷电不直接放电在建筑和设备本身，而是对布放在建筑物外部的线缆放电。线缆上的雷电波或过电压几乎以光速沿着电缆线路扩散，侵入室内电子设备和自动化控制等各个系统。因此，往往在听到雷声之前，我们的电子设备、控制系统等可能已经损坏。

（3）感应过电压。雷击在设备设施或线路的附近发生闪电不直接对地放电，只在云层与云层之间发生放电现象。闪电释放电荷，并在电源和数据传输线路及金属管道金属支架上感应生成过电压。

雷击放电于具有避雷设施的建筑物时，雷电波沿着建筑物顶部接闪器（避雷带、避雷线、避雷网或避雷针)、引下线泄放到大地的过程中,会在引下线周围形成强大的瞬变磁场,轻则造成电子设备受到干扰,数据丢失,产生误动作或暂时瘫痪;严重时可引起元器件击穿及电路板烧毁,使整个系统陷于瘫痪。

(4) 系统内部操作过电压。因断路器的操作、电力负荷的投入和切除、系统短路故障等系统内部状态的变化而使系统参数发生改变,引起的电力系统内部电磁能量转化,从而产生内部过电压,即操作过电压。

操作过电压的幅值虽小,但发生的概率却远远大于雷电感应过电压。实验证明,无论是感应过电压还是内部操作过电压,均为暂态过电压(或称瞬时过电压),最终以电气浪涌的方式危及电子设备,破坏印刷电路印制线,导致元件和绝缘过早老化寿命缩短、破坏数据库或使软件误操作,使一些控制元件失控。

(5) 地电位反击。如果雷电直接击中具有避雷装置的建筑物或设施,接地网的地电位会在数微秒之内被抬高数万伏或数十万伏。高度破坏性的雷电流将从各种装置的接地部分,流向供电系统或各种网络信号系统,或者击穿大地绝缘而流向其他供电系统或各种网络信号系统,从而反击破坏或损害电子设备。同时,在未实行等电位连接的导线回路中,可能诱发高电位而产生火花放电的危险。

三、雷电危害

(1) 电性质破坏。雷电产生高达数万伏甚至数十万伏的冲击电压,可毁坏发电机、变压器、断路器、绝缘子等电气设备的绝缘,烧断电线或劈裂电杆,造成大规模停电;绝缘损坏会引起短路,导致火灾或爆炸事故;二次放电(反击)的火花也可能引起火灾或爆炸;绝缘的损坏,如高压窜入低压,可造成严重触电事故;巨大的雷电流流入地下,会在雷击点及其连接的金属部分产生极高的对地电压,可直接导致接触电压或跨步电压的触电事故。

(2) 热性质破坏。当几百甚至上千安的强大电流通过导体时,在极短的时间内将转换成大量热能。雷击点的发热能量约为 $500 \sim 2000\text{J}$,这一能量可熔化 $50 \sim 200\text{cm}^3$ 的钢。故在雷电通道中产生的高温往往会酿成火灾。

(3) 机械性质破坏。由于雷电的热效应,能使雷电通道中木材纤维缝隙和其他结构缝隙中的空气剧烈膨胀,同时使水分及其他物质分解为气体,因而在被雷击物体内部出现很大的压力,致使被击物遭受严重破坏或造成爆炸。

四、防雷建筑物分类

雷电对大地上目标的危害随其条件状况的不同而不同,如地理位置不同,建筑物结构与性质不同,建筑物内存放物不同等。因此,在防雷设施上也实施分类指导的原则。

在民用建筑物中,根据其用途及重要性不同分为三类:第一类为防雷民用建筑物,这类建筑物具有特殊用途的属国家级大型建筑,如国家级会堂、火车站、航空港、通信枢纽、国宾馆、旅游建筑、重点文物等。第二类为防雷民用建筑物是重要的或人员密集的大型建筑,如省、部级办公室、体育、广播与通信、商厦及剧场等。第三类为防雷民用建筑是高度超出 20m 的建筑;超过 15m 的烟囱及塔等孤立建筑;历史上雷害多的地区等,以及雷击次数平均为 0.01 以上的建筑物。

知识点二　过电压保护设备

过电压危害发电厂变电站电气设备的绝缘安全，人们一般采用避雷针、避雷线、避雷器进行防护，这些设备通常称为防雷设备。防止直击雷过电压一般使用避雷针或避雷线；防止感应雷过电压、侵入波以及内部过电压一般使用避雷器。

一、避雷针

雷电击中物体会产生强烈的破坏作用。防雷是人类同自然斗争的一个重要课题。安装避雷针是人们行之有效的防雷措施之一。避雷针如图7-1所示。

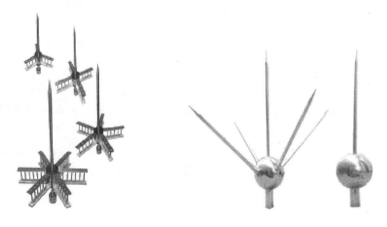

图7-1　避雷针

1. 避雷针概述

避雷针由接闪器、接地引下线和接地体（接地极）三部分串联组成。避雷针的接闪器是指避雷针高于被保护的物体顶端部分的金属针头。接地引下线是避雷针的中间部分，是用来连接雷电接闪器和接地体的。接地引下线的截面积不但应根据雷电流通过时的发热情况计算，使其不会因过热而熔化，而且还要有足够的机械强度。接地体是整个避雷针的最底下部分。它的作用不仅是安全地把雷电流由此导入地中，而且还要进一步使雷电流在流入大地时均匀地分散开去。

避雷针的工作原理就其本质而言，避雷针不是避雷，而是利用其高耸空中的有利地位，把雷电引向自身，承受雷击。把雷电流泄入大地，起着保护其附近比它低的建筑物或设备免受雷击的作用。

避雷针保护其附近比它低的建筑物或设备免受雷击是有一定范围的。这范围像一顶以避雷针为中心的圆锥形的帐篷，罩在帐篷里面空间的物体，可以免遭雷击。

2. 避雷针保护范围

单支避雷针的保护范围如图7-2所示，它的具体计算通常采取下列方法（这种方法是从实验室用冲击电压发生器做模拟试验获得的）。

当 $h_x \geqslant h/2$ 时　　　　　　　　　$r_x = (h - h_x)P$

当 $h_x < h/2$ 时　　　　　　　　　$r_x = (1.5h - 2h_x)P$

式中 r_x——避雷针在 h_x 水平面上的保护半径，m；

    h_x——被保护物的高度，m；

    P——高度影响系数（考虑避雷针太高时，保护半径不按正比例增大的系数）。

$$h \leqslant 30\text{m}, P=1$$

$$30\text{m} < h \leqslant 120\text{m}, P=\frac{5.5}{\sqrt{h}}$$

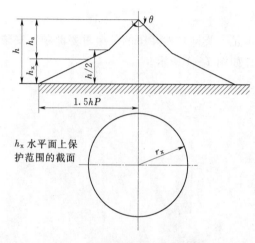

图 7-2 单支避雷针保护范围

下面通过一个具体例子来计算单支避雷针的保护范围。一座烟囱高 $h_x=29$m，避雷针尖端高出烟囱 1m。那么避雷针高度 $h=30$m，避雷针在地面上的保护半径：

$$r=1.5h=1.5 \times 30=45(\text{m})$$

避雷针对烟囱顶部水平面的保护半径：

$$r_x=(h-h_x)P=(30-29) \times 1=1(\text{m})$$

随着所要求保护的范围增大。单支避雷针的高度要升高，但如果所要求保护的范围比较狭长（如长方形），就不宜用太高的单支避雷针，这时可以采用两支较矮的避雷针。两支等高避雷针的保护范围如图 7-3 所示。

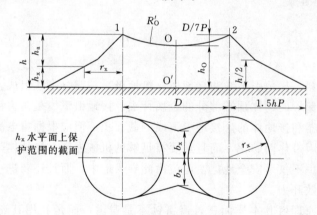

图 7-3 两只避雷针保护范围

每支避雷针外侧的保护范围和单支避雷针的保护范围相同；两支避雷针中间的保护范围由通过两避雷针的顶点以及保护范围上部边缘的最低点 O 作一圆弧来确定。这个最低点 O 离地面的高度为

$$h_O=h-D/7P$$

式中 h_O——两避雷针之间保护范围上部边缘最低点的高度，m；

    h——避雷针的高度，m；

    D——两避雷针之间的距离，m；

P——高度影响系数。

两避雷针之间高度为 h_x 水平面上保护范围一侧的最小宽度为

$$b_x = 1.5(h_O - h_x)$$

当两避雷针间距离 $D = 7hP$ 时，$h_O = 0$，这意味着此时两避雷针之间不再构成联合保护范围。

当单支或双支避雷针不足以保护全部设备或建筑物时，可装三支或更多支形成更大范围的联合保护，其保护范围在此不再赘述。

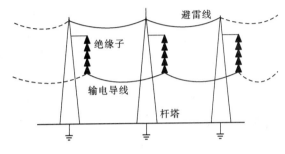

图 7-4　避雷线架设

二、避雷线

1. 避雷线概述

避雷线也叫架空地线，它是沿线路架设在杆塔顶端，并具有良好接地的金属导线，避雷线是输电线路的主要防雷保护措施，架设杆塔一根或二根，用于防雷，110～220kV 线路一般沿全线架设。雷击避雷线如图 7-4 所示。

架空送电线路遭受雷击时，可能打在导线上，也可能打在杆塔上。雷击导线时，在导线上将产生远高于线路额定电压的所谓"过电压"，有时达几百万伏。它超过线路绝缘子串的抗电强度时，绝缘子将"闪络"，往往引起线路跳闸，甚至造成停电事故。避雷线可以遮住导线，使雷尽量落在避雷线本身上，并通过杆塔上的金属部分和埋设在地下的接地装置，使雷电流流入大地。雷击杆塔或避雷线时，在杆塔和导线间的电压超过绝缘子串的抗电强度时，绝缘子串也将闪络，而造成雷击事故。通常用降低杆塔接地电阻的办法，来减少这类事故。

避雷线的保护效果还同它下方的导线与它所成的角度有关，角度较小时，保护效果较好。在架有两根避雷线的情况下，容易获得较小的保护角，线路运行时的雷击跳闸故障也较少，但建设投资较大。我国近年来新建的 220kV 以下线路，多采用一根避雷线。

在雷击不严重的 110kV 及较低电压的线路上，通常仅在靠近变电所 2km 左右范围内装设避雷线，作为变电所进线的防雷措施。10kV 以下配电线路的绝缘强度一般都不高，如果在这种线路上装设架空地线，一旦架空地线上落雷，就容易从其接地引下线向配电线路发生"反击"，不但起不到防止雷击的保护作用，相反还会引起雷害。此外，装设架空地线的费用也很大，所以在配电线路上一般都不装设架空地线。

2. 避雷线保护范围

(1) 单根避雷线的保护范围如图 7-5 所示。

在 h_x 水平面上避雷线每侧保护范围的宽度的确定：

当 $h_x \geqslant h/2$ 时　　　　　　$r_x = 0.47(h - h_x)P$

当 $h_x < h/2$ 时　　　　　　$r_x = (h - 1.53h_x)P$

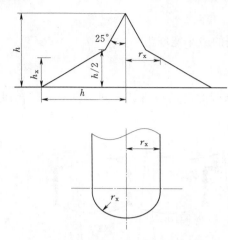

图 7-5 单根避雷线保护范围计算

式中 r——每侧保护范围宽度，m；

h_x——被保护物高度，m；

P——高度影响系数。

$$h \leqslant 30\text{m}, P = 1$$

$$30\text{m} < h \leqslant 120\text{m}, P = \frac{5.5}{\sqrt{h}}$$

（2）双根避雷线的保护范围。两线的外侧保护范围按单线的计算方法确定。两线之间各横截面的保护范围，应由通过两避雷线点及保护范围上部边缘最低点 O 的圆弧确定。O 点的高度如下式计算：

$$h_O = h - \frac{D}{4P}$$

式中 h_O——两根避雷线间保护范围边缘最低点的高度，m；

D——两根避雷线间的距离，m；

h——两根避雷线的高度，m。

双根避雷线保护范围如图 7-6 所示。

三、避雷器

1. 避雷器概述

当雷电入侵波超过某一电压值后，避雷器将优先于与其并联的被保护电力设备放电，将过电压泄入大地中从而限制了过电压，使与其并联的电力设备得到保护。避雷器是连接在导线和地之间的一种防止雷击的设备，通常与被保护设备并联。当被保护设备在正常工作电压下运行时，流过避雷器的电流仅有微安级，处于绝缘状态，避雷器不会产生作用，对地面来说视为断路。遭受过电压时，

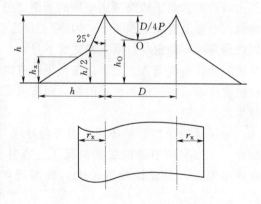

图 7-6 双根避雷线保护范围

由于氧化锌阀片的优异非线性，流过避雷器的电流瞬间达数千安培，避雷器处于导通状态，释放过电压能量，由避雷器残压将过电压幅值限制在允许值内，从而有效地限制了过电压对输变电设备的损害。当过电压消失后，避雷器迅速恢复原状，使系统能够正常供电。避雷器的主要作用是通过并联放电间隙或非线性电阻的作用，对入侵流动波进行削幅，降低被保护设备所受的过电压值，从而达到保护电力设备的作用。

避雷器不仅可用来防护大气过电压，也可用来防护操作过电压。避雷器的主要类型有管型避雷器、阀型避雷器和氧化锌避雷器等。每种类型避雷器的主要工作原理不同，但是他们的工作实质是相同的，都是为了保护电气设备不受损害。

2. 避雷器技术要求及型号说明

对避雷器的技术要求：

（1）过电压作用时，避雷器先于被保护电力设备放电，当然这要由两者的伏秒特性配合来保证。

（2）避雷器应具有一定的熄弧能力，以便可靠地切断在第一次过零时的工频续流。

3. 典型避雷器：金属氧化物避雷器

无间隙金属氧化物避雷器，由于其核心元件采用氧化锌阀片，与传统碳化硅避雷器相比，具有更优越的伏安特性，较高的通流能力，从而带来避雷器特征的根本变化。用于保护相应电压等级的电力主变、开关柜、箱式变、电力电缆出线头、柱上开关等配电设备免受大气过压及操作过电压的危险。

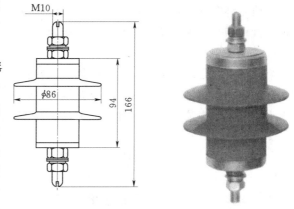

图 7-7　HY5WS-5/15 氧化锌避雷器

4. 金属氧化物避雷器型号说明

氧化锌避雷器如图 7-7 所示。

避雷器型号说明如图 7-8 所示。

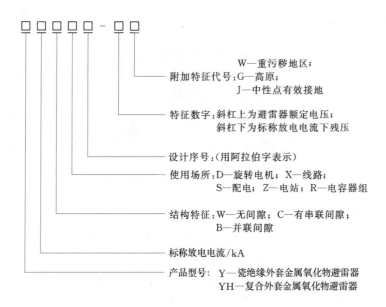

图 7-8　避雷器型号说明

知识点三 接 地 装 置

一、接地分类及作用

接地是将电气设备应接地部分通过接地线与埋在地下的接地体紧密连接起来。接地分为正常接地和非人为的故障接地。正常接地又可分为工作接地和安全接地。

1. 工作接地

第一种情况是利用大地做导线的接地，在正常工作情况下有电流通过，例如直流工作接地、弱电工作接地等；第二种情况是维持系统安全运行的接地，正常情况下没有电流或有很小的不平衡电流通过，例如变压器的中性点接地、三相四线制系统的中性线等。

2. 安全接地

主要包括防止触电的保护接地、防雷接地、防静电接地及屏蔽接地等。

3. 故障接地

指带电体与大地发生意外的连接。

知识扩展：

电气上的"地"

电气设备在运行中，如果发生接地短路，则短路电流将通过接地体，接地点处向大地流散。接近接地点处电流的散流线密度大，地中电流强度大，随着与接地点距离的增加，散流密度疏，电场强度减小。一般距接地点 15～20m 处，两点之间的电位差可以忽略不计，可以认为电压降为零。这就是通常所说的电气的"地"。

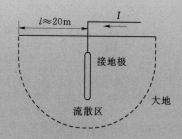

二、接地装置的基本概念

接地装置是接地线和接地体的总称。接地体是埋入地下、与土壤紧密接触的金属导体；接地线是连接接地设备和接地体的金属导线。

接地体分为人工接地体和自然接地体。人工接地体是采用钢管、角钢、扁钢、圆钢等钢材专门制作埋入地下的导体。自然接地体是可以用来兼做接地体，埋入地下的金属管道、金属结构、钢筋混凝土地基等物件。

接地线包括接地干线和接地支线两部分。与接地体连通，供多台设备共用的接地线称为接地干线；把每台电气设备需要接地的部分与接地干线连接起来的金属导线称为接地支线。

三、接地装置的相关参数

1. 接地电流

接地电流指电气设备发生接地短路时，由故障点直接或经接地装置向大地散流的电流。

2. 接地电阻

接地电流经接地体向土壤中流散。电流自接地体向大地流散的过程中所遇到的全部电阻，称为接地体的流散电阻。接地电阻是接地体的流散电阻与接地线的电阻之和。由于接地线的电阻很小，可以忽略不计，可以认为流散电阻就是接地电阻。

3. 对地电压曲线

对地电压曲线是用曲线来表示接地体与周围各点的对地电压。

如图 7-9 所示，当电气设备发生漏电，电流自接地体向大地流散。丙触及漏电设备外壳，加于人手和脚之间的电位差，称为接触电压即 U_c。人所站立的位置按人体离开设备 0.8m 考虑。图中乙紧靠接地体位置，承受的跨步电压 U_{s2} 最大，甲离开了接地体，承受的跨步电压 U_{s1} 要小一些。人的跨距一般按 0.8m 考虑，显然离开接地体 20m 以外，跨步电压为 0。U_e 为对地电压。

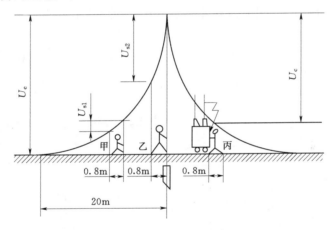

图 7-9　接地装置相关参数说明

变电所（站）中需要保护接地的部分一般有变压器及各种电器设备的底座和外壳、开关电器的操作机构、互感器副边绕组、配电屏与控制屏的框架、屋外配电装置的金属架构、钢筋混凝土架构、电缆金属支架以及靠近带电部分的金属遮栏、金属门等。

四、保护接零

1. 零与接零

在 380/220V 的低压配电网中，电机三相绕组接成星形的星点与地有良好的连接即为常说的零，由零点引出的金属导体即为零线，或称接地中性线。为保证人身安全，将电气装置的金属外壳与零线进行良好的电气连接称为接零。

2. 零线重复接地

在保护接零系统中，为了防止接地中性线断线，失去接零的保护作用，有时还需零线的重复接地。所谓零线的重复接地，即在保护接零的系统中，将零线每隔一段距离而进行的数点接地。值得注意的是，采用重复接地也并不是绝对安全的。由于重复接地点固定不变，而零线断线点位置不定。当零线某点断线后一部分设备外壳仍有带电的可能。

五、低压配电系统的接地形式

低压配电系统接地形式有 TN、TT、IT 三种。

TN、TT、IT 三种形式均使用了两个字母，以表示三相电力系统和电气装置的外露可导电部分（即设备的外壳、底座等）的对地关系。

第一个字母表示电力系统的对地关系，即 T 表示一点直接接地；I 表示不接地，或通过阻抗接地。

第二个字母表示电气装置外露可导电部分的对地关系，即 T 表示独立于电力系统可接地点而直接接地；N 表示与电力系统可接地点进行直接电气连接。

1. TN 系统

TN 系统即电源系统有一点直接接地，电气装置的外露可导电部分通过保护线与该点连接。其触电防护采用的是保护接零的措施。按中性线和保护线的组合布置情况，TN 系统可以分为三种：TN-C 系统；TN-S 系统；TN-C-S 系统。

（1）TN-C 系统：为三相四线制中性点直接接地，整个系统的 PE 线和 N 线是合一的系统，如图 7-10 所示。

（2）TN-S 系统：为三相五线制中性点直接接地，整个系统的 PE 线和 N 线是分开的系统，如图 7-11 所示。

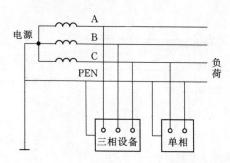

图 7-10　保护接地的 TN-C 系统

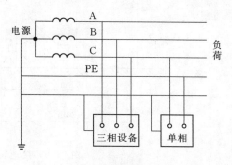

图 7-11　保护接地的 TN-S 系统

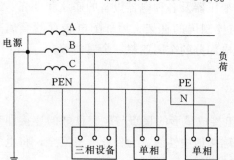

图 7-12　保护接地的 TN-C-S 系统

（3）TN-C-S 系统：为三相四线制中性点直接接地，整个系统中 PE 线和 N 线有一部分是合一的系统，如图 7-12 所示。

2. TT 系统

TT 系统即电源系统与电气装置的外露可导电部分分别直接接地的系统。是采用保护接地的三相四线制供电系统，如图 7-13 所示。

3. IT 系统

IT 系统为三相三线制电源中性点不直接接

地，电气装置的外露导电部分接地的系统，如图 7 - 14 所示。

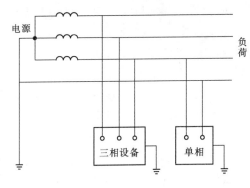

图 7 - 13 保护接地的 TT 系统

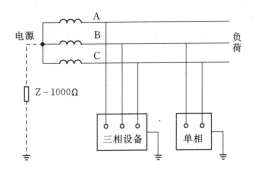

图 7 - 14 保护接地的 IT 系统

六、接地装置和接零装置的安全要求

（1）导电的连续性，不得有脱节现象。

（2）连接可靠，在有振动的地方，应采取防松措施。

（3）应有足够的机械强度。

（4）有足够的导电能力和热稳定性。

（5）有防止机械损伤的措施。

（6）有防腐蚀的措施。

（7）适当的埋设深度。为减少自然因素对接地电阻的影响，接地体上端埋入深度，一般不应小于 600mm，并应在冻土层以下。

（8）接地支线不得串联。为提高接地的可靠性，电气设备的接地支线（或接地干线）应单独与接地干线（接地支线）或接地体相连，不应串联连接。接地干线（接地零线）应有两处同接地体直接相连，以提高可靠性。

七、接地装置安装程序

接地干线安装是从引下线断线卡至接地体和连接垂直接地体之间的连接线。接地干线一般使用 40mm×4mm 的镀锌扁钢制作。接地干线分为室内和室外连接两种。室外接地干线与支线一般敷设在沟内。室内的接地干线多为明敷，但部分设备连接支线需经过地面，也可以埋设在混凝土内。

室外接地干线敷设具体安装：

（1）根据设计图纸要求进行定位放线，挖土。

（2）将接地干线进行调直、测位、打眼、煨弯，并将短接卡子及接线端子装好。然后将扁钢放入地沟内，扁钢应保持侧放，依次将扁钢在距接地体顶端大于 50mm 处与接地体用电焊焊接。焊接时应将扁钢拉直，再将扁钢弯成弧形（或三角形）与接地钢管（或角钢）进行焊接。敷设完毕经验收后，进行回填并压实。

室内接地干线敷设具体安装方法如下：

（1）室内接地线是供室内的电气设备接地使用，多数是明敷设，但也可以埋设在混凝土内。明敷设的接地线大多数敷设在墙壁上或敷设在母线架和电缆的构架上。

（2）保护套管埋设：在配合土建墙体及地面施工时，在设计要求的位置上，预埋保护套管或预留出接地干线保护套管孔。护套管为方型套管，其规格应能保证接地干线顺利穿入。

（3）接地支持件固定：按照设计要求的位置进行定位放线，固定支持件无设计要求时距地面 250～300mm 的高度处固定支持件。支持件的间距必须均匀，水平直线部分为 0.5～1.5m，垂直部分 1.5～3m，弯曲部分为 0.3～0.5m。固定支持件的方法有预埋固定钩或托板法、预留支架洞口后安装支架法、膨胀螺栓及射钉直接固定接地线法等。

（4）接地线的敷设：将接地扁钢事先调直、打眼、煨弯加工后，将扁钢沿墙吊起，在支持件一端将扁钢固定住，接地线距墙面间隙应为 10～15mm，过墙时穿过保护套管，钢制套管必须与接地线做电气连通，接地干线在连接处进行焊接，末端预留或连接应符合设计规定。接地干线还应与建筑结构中预留钢筋连接。

（5）接地干线经过建筑物的伸缩（或沉降）缝时，如采用焊接固定，应将接地干线在过伸缩（或沉降）缝的一段做成弧形，或用 $\phi12mm$ 圆钢弯出弧形与扁钢焊接，也可以在接地线断开处用 $50mm^2$ 裸铜软绞线连接。

（6）为了连接临时接地线，在接地干线上需安装一些临时接地线柱（也称接地端子），临时接地线柱的安装，应根据接地干线的敷设形式不同采用不同的安装形式。常采用在接地干线上焊接镀锌螺栓做临时接地线柱法。

（7）明敷接地线的表面应涂以用 15～100mm 宽度相等的绿色和黄色相间的条纹。中性线宜涂淡蓝色标志，在接地线引向建筑物的入口处和在检修用临时接地点处，均应刷白色底漆并标以黑色接地标志。

（8）室内接地干线与室外接地干线的连接应使用螺栓连接以便检测，接地干线穿过套管或洞口应用沥青丝麻或建筑密封膏堵死。

（9）接地线与管道连接（等电位联结）：接地线和给水管、排水管及其他输送非可燃体或非爆炸气体的金属管道连接时，应在靠近建筑物的进口处焊接。若接地线与管道不能直接焊接时，应用卡箍连接，卡箍的内表面应搪锡。应将管道的连接表面刮拭干净，安装完毕后涂沥青。

思 考 题

1. 什么是接地、接零？

2. 什么是跨步电压和接触电压？采取什么措施降低跨步电压和接触电压对人体的伤害？

3. 电力系统防止直击雷、感应雷雷电入侵波的措施有几种？

4. 0.38/0.22kV 的低压配电系统中，TN、TT 和 IT 系统各有什么特点？

5. 接地装置有什么作用？

6. 接地装置如何敷设？

模块八 电气二次回路的运行

知识点一 操 作 电 源

一、操作电源的作用

发电厂和变电站的操作电源主要是作为发电厂和变电站继电保护及自动装置、信号设备，控制及调节设备的工作电源及断路器的跳、合闸电源，在事故情况下，提供变电所事故照明电源以及为变电站交流不间断电源设备提供直流电源。负荷按用电性质分类，可以分为经常负荷、事故负荷、冲击负荷。

二、操作电源分类

按电源的性质，操作电源可分为交流操作电源和直流操作电源两种。

1. 交流操作电源

交流操作电源直接使用交流电作为二次系统的工作电源，可由电流互感器、电压互感器、站用变压器和邻近的低压电网等提供电源。由电压互感器或站用变压器给控制回路、信号回路等供电，断路器的合闸线圈也可由站用变压器等供电。由于电流互感器的二次电流只有在电气设备发生短路事故或负荷电流大于过电流继电器整定值时，才能起动继电器动作，因此电流互感器通常反映短路故障的继电器和断路器的跳闸线圈供电。

采用交流操作电源有利于简化二次接线，节约投资，减少运行维护工作。但是其可靠性比直流操作电源低，而且交流操作的继电器还不够成熟，断路器交流合闸操动机构也不如直流可靠，因此一般仅用于小型变电站。

2. 直流操作电源

直流操作电源分为带电容储能的硅整流直流电源、复式整流直流电源、蓄电池组直流电源和电源变换式直流电源等几种。其中蓄电池组直流电源和电源变换式直流电源属于独立式直流操作电源，其直流输出不受交流电源的影响。带电容储能的硅整流直流电源和复式整流直流电源则属于非独立式直流操作电源，当一次交流系统发生故障时，将直接影响其直流输出，有可能使其不能满足直流负荷的要求，其应用较少。

（1）带电容储能的硅整流直流电源。带电容储能的硅整流直流电源装置由硅整流设备、储能电容器、隔离变压器以及有关的开关、电阻、二极管、熔断器等构成。因交流电源失去后，仅能短时间满足一次系统的需要，难以满足一次系统和继电保护复杂的变电站的要求，因此带电容储能的硅整流直流电源常用于 35kV 及以下电压等级的小容量变电站。

（2）复式整流直流电源。复式整流电源是采用站用变压器或电压互感器和电流互感器联合供电的操作电源。复式整流直流电源结构简单、投资省、占地少、运行维护工作量小，但生产复式整流装置的制造厂较少。

（3）蓄电池组直流电源。蓄电池是一种可多次重复使用的化学电源。它可将储备的化学能转变为电能供给负荷，这一过程称为放电；当参加反应的物质以电能的形式释放完毕之后，可用充电器对其输入直流电能，将电能转变为化学能，存储于蓄电池内部，这一过程称为充电。它是一种独立式电源系统，与一次系统的运行方式无关，在一次系统发生故障，甚至在变电站失去全部交流电的情况下，仍能在一定时间内可靠工作，具有较高的供电可靠性和稳定性，在大中型变电站中得到广泛应用。

（4）电源变换式直流电源。电源变换式直流系统由输入可控硅整流装置、蓄电池（电压48V）、逆变装置和输出整流装置等构成。正常运行时，220V交流电源经可控硅整流装置变为48V直流电源，供全站48V直流负荷，并对蓄电池进行浮充电，同时48V直流电源经逆变装置逆变为交流电源，再经输出整流装置整流为220V直流电源。事故情况下，蓄电池可直接给48V直流负荷供电，并且逆变装置将蓄电池储存的电能逆变为交流电后再整流为220V直流电源，从而保证直流供电的连续性。电源变换式直流系统可提供220V和48V两种直流电压，为弱电控制提供了方便，在中、小型变电站应用较多。

三、对操作电源的基本要求

（1）保证供电的高度可靠性。

（2）具有足够的容量，以保证正常运行及故障下的供电。

（3）使用寿命长、运行维护方便。

（4）投资少，布置面积小。

四、蓄电池组直流电源

1. 结构及组成

蓄电池由正负极板、隔板、电解液、安全阀、外壳组成。蓄电池的正负极板做成栅架（网架）形式，上面填涂活性物质。蓄电池结构如图8-1所示。

蓄电池的充电和放电，就是靠正、负极板上活性物质与硫酸溶液的化学反应来实现的。隔板是由微孔橡胶、颜料玻璃纤维等材料制成的，在正、负极板间起绝缘作用，可使电池结构紧凑；铅酸免维护蓄电池的电解液是稀硫酸，是化学反应的媒介。安全阀的作用是在蓄电池内部气体压力超过一定值时，会自动打开，排出气体，然后自动关闭，正常状态下安全阀是密闭的。电池壳、盖是装正、负极板和电解液的容器，一般由塑料和橡胶材料制成。

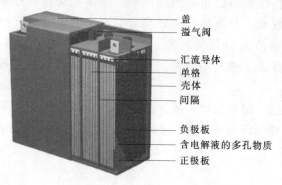

图8-1　蓄电池结构

盖
溢气阀
汇流导体
单格
壳体
间隔
负极板
含电解液的多孔物质
正极板

2. 蓄电池的分类

按蓄电池极板结构分类有形成式、涂膏式和管式蓄电池。

按蓄电池盖和结构分类有开口式、排气式、防酸隔爆式和密封阀控式蓄电池。

按蓄电池维护方式分类有普通式、少维护式、免维护式蓄电池。

3. 蓄电池参数

以铅酸蓄电池为例说明如下:

(1) 铅酸蓄电池的电动势。电动势为蓄电池在没有负载时测的端电压,即蓄电池在开路时的端电压。

(2) 铅酸蓄电池的内电阻。铅酸蓄电池的内电路由电解液构成,而电解液中有一定的电阻,栅板与活性物质也有一定的电阻,尤其是隔离物的电阻很大,所有这些电阻的总和就是蓄电池的内电阻。蓄电池的内电阻不是一个固定数值。在蓄电池充、放电过程中,内阻值会随着电解液的密度、温度和极板上活性物质的变化而变动。

(3) 铅酸蓄电池的端电压。蓄电池的端电压,是指它的闭路端电压。

(4) 铅酸蓄电池的容量。将一个充足电的蓄电池连续放电至电压达到极限电压时止,放电电流和放电时间的乘积,称为铅酸蓄电池的容量,其单位为 Ah,简称安时。

4. 蓄电池的运行方式

蓄电池组直流电源运行方式主要有充电－放电式、浮充电式、均衡充电式。

(1) 充电放电式运行方式。蓄电池组的充电放电运行方式,就是对运行中的蓄电池组进行定期的(或根据运行规程要求)充电,以保持蓄电池的良好状态。充电装置除充电时间外不工作,在充电过程中除了向蓄电池组供电外,还担负经常性直流负载。这种运行方式通常每运行 1～2 昼夜就需要充电一次,操作繁琐,也会影响蓄电池寿命,目前很少采用。

(2) 浮充电运行方式。蓄电池经常与浮充电设备并列运行,浮充电设备除供经常性负荷外,还不断以较小的电流给蓄电池供电,以补充蓄电池的自放电,使蓄电池一直处于充满电的状态。蓄电池组直流电源采用浮充电运行方式,不仅可以提高工作的可靠性、经济性,还可减少运行维护工作量,因而在电厂中广泛应用。

(3) 均衡充电。均衡电池特性的充电,是指在电池的使用过程中,因为电池的个体差异、温度差异等原因造成电池端电压不平衡,为了避免这种不平衡趋势的恶化,需要提高电池组的充电电压,对电池进行活化充电。

5. 蓄电池的运行维护内容

定期(至少每 3 个月 1 次)检查,下列异常的发生将导致电池损坏而需更换。

(1) 任何电压异常。

(2) 任何物理影响(如碰击或壳体变形)。

(3) 任何电解液漏出。

(4) 任何异常发热。

五、UPS 不间断电源

随着电力通信、无人值守变电站、微机监控等电力自动化设备的普及和应用,电力系统对电源提出更高的要求,发电厂采用几路进电,但是并不能保证毫不间断的对计算机等重要负载的供电,要保证计算机等信息设备的电源指标,就必须采用不间断电源(UPS)。

一般 UPS 电源,主要由充电器(CHARGER)、逆变器(INVERTER)、静态开关(SYATICSWITCH)、蓄电池(BATERT)四大部分和控制部分组成。

UPS 电源各部分功能简述如下。

1. 充电器的作用

从主电源吸收能量，经过桥式可控硅整流电路、阻容滤波电路，产生直流电，并将直流电提供给蓄电池和逆变器。

2. 逆变器的主要作用

将充电器或蓄电池送来的直流电转变成交流电输出。有的也称逆变器为 DC/AC 变流器，它是 UPS 电源的核心部件，逆变器性能的好坏，对 UPS 电源输出波形、效率、可靠性、瞬态响应、噪声、体积、重量等方面有着决定性的影响。一台 UPS 电源性能好坏，主要是由逆变器的性能来决定的。

3. 静态开关的主要作用

静态开关主要作用是保证 UPS 电源系统不间断供电。当 UPS 电源正常供电时，逆变器输出交流电作为计算机设备的主要电源（或者由市电经稳压器后直接供计算机用电）。当计算机设备启动或发生浪涌负载或逆变器发生故障时通过电压检测信号，静态开关迅速将负载由逆变器供电转移到市电供电。一旦恢复正常，经检测市电与逆变器电压同步、同频时，又转为逆变器供电。静态开关，就是完成转换并保证转换可靠、不间断供电的关键设备。

4. 蓄电池的主要作用

蓄电池是储存电能的装置。在正常供电时，直流电源对蓄电池进行充电。它将电能转换成化学能贮存起来。当市电中断时，UPS 电源将依靠储存在蓄电池中的能量输出直流电，维持逆变器的正常工作，即将化学能转换成电能，供逆变器使用。

5. 控制部分的主要作用

控制部分在 UPS 电源中起着十分重要的作用。通过合理的控制，可使 UPS 电源按设计要求给计算机提供稳定可靠的电能。UPS 不间断电源图如图 8-2 所示。

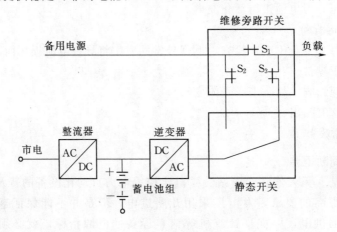

图 8-2 UPS 不间断电源

通过图 8-2 可以看出，市电经过整流后一方面给蓄电池充电，同时又给逆变器供电，一旦市电断电，则自动由蓄电池向逆变器供电，从而保证了重要负载的不间断输出。

知识点二 二 次 回 路

一、发电厂和变电站的控制方式

发电厂的控制方式分为主控制室方式和机炉电（汽机、锅炉和电气）集中控制。就微观而言，发电厂的设备控制又分为模拟信号和数字信号测控方式，随着电力系统的发展，逐步实现集中控制和数字化监控。

早期发电厂中，主控制室是全厂控制中心，负责启停机和事故处理方面的协调和指挥，要求监视方便，操作灵活，能与全厂进行联系。

机炉电集中控制方式，一般将机、炉、电设备集中在一个单元控制室简称集控室控制。机炉电集中控制的范围，包括主厂房内的汽轮机、发电机、锅炉、厂用电及与它们有密切联系的制粉、除氧、给水系统等，以便运行人员监视主要的生产过程情况。主厂房以外的除灰系统、化学水处理等采用就地控制。在集中控制方式下，常设有独立的高压电力网络控制（简称网控室）。

变电站的控制方式按有无值班员分为值班员控制方式、调度中心或综合自动化站控制中心远方遥控方式。目前在发达地区，110kV 及以下的变电站通常采用无人值班的远动遥控方式，而 220kV 及以上变电站一般采用值班员控制方式，并常兼做其所带低电压等级变电站的控制中心，简称集控站。

另外，按控制电源电压的高低变电站的控制方式还可分为强电控制和弱电控制。前者的工作电压为直流 110V 和 220V；后者的工作电压为直流 48V（个别为 24V），且一般只用于控制开关所在的操作命令发出回路和电厂的中央信号回路，以缩小控制屏的面积，而合闸跳闸回路仍采用强电。

二、二次回路接线图

对一次设备进行测量、保护、监视、控制和调节的设备称为二次设备。包括测量仪表、继电保护、控制和信号装置等。二次设备通过电流互感器、电压互感器与一次设备相互联系。

二次回路是由二次设备组成的回路，包括交流电压回路、交流电流回路、断路器控制回路、信号回路等。二次接线图是由二次设备特定的图形符号和文字符号来表示二次设备相互连接情况的电气接线图。

二次接线图表示法有三种：归总式原理接线图、展开接线图、安装接线图。

（1）原理接线图。原理接线图用以表示测量表计、控制信号、保护和自动装置的工作原理。原理图反映的整个装置（回路）的完整概念，主要用于了解装置、回路的动作原理。在原理图中，各元件是整块形式，与一次接线有关部分划在一起，并由电流回路或电压回路联系起来。如图 8-3 所示。

（2）展开图。展开图是另一种方式构成的接线图，各元件被分成若干部分。元件的线

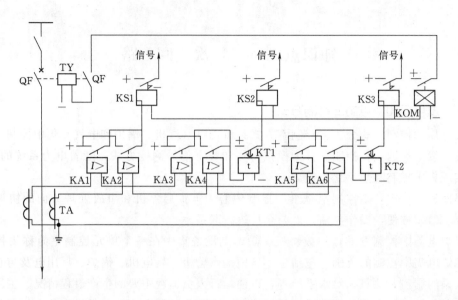

图 8－3　原理接线图

圈、触点分散在交流回路和直流回路中。如图 8－4 所示，在展开图中依电流通过的方向，画出按钮、触点、线圈及其端子编号，由左至右，由上到下排列起来，最后构成完整的展开图。在图的右侧配有文字用来说明回路的作用。展开图的特点是条理清晰，非常方便对回路逐一的分析与检查。常见的展开图有电流回路图、电压回路图，控制回路图及信号回路等。

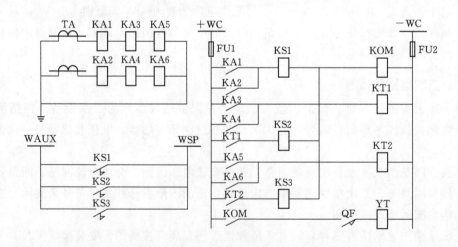

图 8－4　展开图

（3）安装接线图。常见的有屏柜的端子接线图、开关或端子箱的安装接线图。以平面布置图 8－5 为例说明该图反映了电动机控制回路全部设备的安装位置。

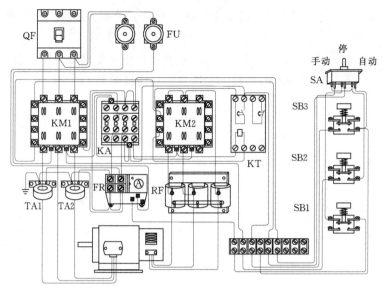

图 8-5　安装接线图

知识点三　控制回路和信号回路

控制回路是由控制开关与控制对象（如断路器、隔离刀闸）的传递机构、执行（操作）机构组成，其作用是对一次设备进行"合""分"操作。

信号回路是由信号发送机构和信号继电器等构成，其作用是反映一次、二次设备的工作状态。包括光字牌回路、音响回路（警铃、电笛），是由信号继电器及保护元件到中央信号盘或由操动机构到中央信号盘。

一、典型控制回路

以断路器的控制为例说明，断路器最基本的合闸回路必须包含用于正常操作的手动合闸回路以及自动合闸回路；最基本的跳闸回路必须包含用于正常操作的手动跳闸回路以及继电保护装置自动跳闸回路。为此在远方或就地必须能有发出跳、合闸命令的控制设备，在断路器上应当有能执行命令的操动机构。断路器控制环节组成如图 8-6 所示。

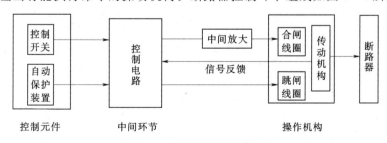

图 8-6　断路器控制环节组成

由图 8-6 可知，断路器操作分为手动控制和自动控制。对断路器进行分合操作，实际上是对合闸线圈（YC）和分闸线圈（YT）进行控制；手动控制由控制开关 SA 实现；

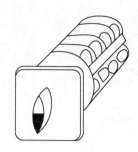

图 8-7　控制开关手柄

自动控制通过继电保护和自动装置的相应接点来实现。

控制开关（SA）手柄如图 8-7 所示。

合闸操作：如图 8-6 示出手柄为预备合闸状态，将手柄右旋 45°为合闸位置，手放开后在自复弹簧的作用下，手柄复位于垂直位置，成为合闸后位置。

跳闸操作：先将手柄左旋至水平位置，即预备合闸位置，再左旋 45°即为跳闸位置，手放开后在自复弹簧的作用下，手柄复位于水平位置，成跳闸后位置。

控制开关右端的数节触点盒，其四角均匀固定着四个静触点，其触点外端伸出盒外接外电路，而内端与固定方轴上的动触点簧片相配合。触点排号为逆时针方向次序，"·"表示触点接通，"—"表示触点断开。控制开关结构图如图 8-8 所示。LW2-Z-1a、4、6a、40、20、20/F8 型控制开关触点见表 8-1。

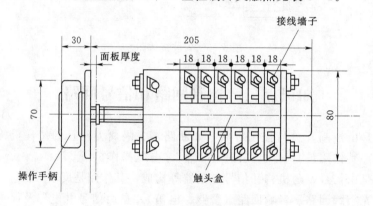

图 8-8　控制开关结构图

表 8-1　　　LW2-Z-1a、4、6a、40、20、20/F8 型控制开关触点图表

在"跳闸后"位置的手柄（前视）的样式和触点盒（后视）的动触点位置图	F8 符号	1a		4		6a			40			20			20		
手柄和触点盒型式	F8	1a		4		6a			40			20			20		
触点号位置		1~3	2~4	5~8	6~7	9~10	9~12	11~10	14~13	14~15	16~13	19~17	17~18	18~20	21~23	21~22	22~24
跳闸后	符号	—	•	—	•	—	—	•	—	•	—	—	•	—	—	•	—
预备合闸	符号	•	—	—	•	•	—	—	•	—	—	—	•	—	•	—	—
合闸	符号	—	—	•	—	—	•	—	—	•	—	•	—	—	—	—	•
合闸后	符号	•	—	•	—	•	—	—	•	—	•	•	—	—	•	—	•
预备跳闸	符号	•	—	•	—	•	—	—	—	—	•	•	—	•	—	—	—
跳闸	符号	—	•	—	—	—	•	—	•	—	—	—	•	—	—	—	•

断路器控制回路如图8-9所示。以断路器合闸回路为例说明控制回路实际动作情况。

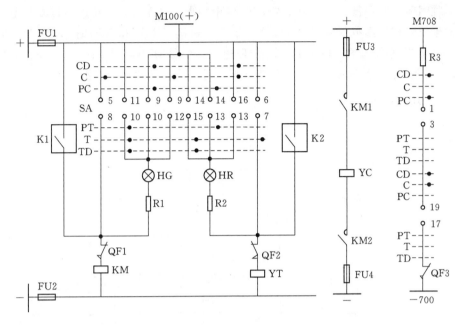

图8-9 断路器控制回路

1. 手动合闸操作

（1）合闸前，断路器处于跳闸位置，QF1、QF3动断触点处于闭合状态、QF2动合触点处于断开状态、SA处于"跳闸后"位置，正电源（＋）经FU1→SA（11）（10）→HG→R1→QF1→KM→FU2→负电源形成通路，绿灯HG发平光。此时合闸接触器KM线圈两端虽有一定电压，但由于HG和R1的分压作用，不足以使合闸接触器动作；绿灯点亮不仅反映断路器位置，同时监视合闸回路完整性。

（2）将SA操作手柄顺时针方向旋转90°到预备合闸位置，此时HG经SA（9）（10）接至闪光小母线M100（＋）上，HG闪光。

（3）核对无误后，将SA手柄顺时针旋转45°到"合闸"位置，SA（5）（8）接通，合闸接触器KM加上全电压励磁动作，其主触头KM1、KM2闭合，使YC励磁动作，操作机构使断路器合闸，同时动断触点QF1断开，HG熄灭、动合触点QF2闭合，电流经（＋）→FU1→SA（16）（13）→HR→R2→YT→FU2到（－），红灯HR发平光。

（4）运行人员见HR发平光后，松开SA手柄，SA回到"合闸后"位置，此时电流经（＋）→FU1→SA（16）（13）→RD→R2→QF2→YT→FU2到（－），红灯HR发平光。

2. 自动合闸

自动合闸前，断路器处在跳闸位置，控制开关处于"跳闸后"位置，HG平光；当自动装置动作使K1闭合时，短接了H和R1，KM加上全电压励磁动作，使断路器合闸。合闸后QF1断开，HG熄灭，QF2闭合，HR闪光，同时自动装置将启动中央信号装置发出警铃声和相应的光字牌信号，表明该断路器自动投入。

3. 事故跳闸

自动跳闸前，断路器处于合闸位置，控制开关处于"合闸后"状态，HR 平光。当一次回路发生故障相应继电保护动作后，K2 闭合，短接了 HR 和 R2 回路，使 YT 加上电压励磁动作，断路器跳闸；QF2 断开，HR 熄灭；QF1 闭合，HG 闪光；QF3 闭合，中央事故信号装置蜂鸣器 HAU 发出了事故音响信号，表明断路器已事故跳闸。

二、典型信号回路

1. 信号回路

断路器信号回路如图 8-10 所示。

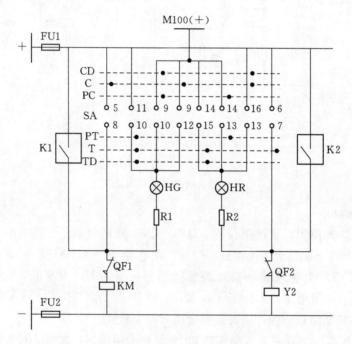

图 8-10　断路器信号回路

断路器处在合闸位置，SA 处在 CD 位置，控制小母线"＋"极、SA（16）（13）、HR、R2、QF2、控制小母线"－"极接通，红灯（HR）平光。

断路器处在分闸位置，绿灯（HG）平光。

断路器自动合闸或保护动作使断路器跳闸时，为引起运行人员注意，普遍采用指示灯闪光方法。电路采用"不对应"原理设计。如自动合闸时，断路器在合闸位置，SA 在 TD 位置；M100＋、SA（9）（10）、HG、R1、QF1、控制小母线"－"极接通，绿灯（HG）闪光。

2. 典型事故音响启动回路

断路器事故音响启动回路如图 8-11 所示。

断路器由继电保护动作而事故跳闸时，QF 处于跳闸位置，SA 处于合闸后位置；事故音响小母线 M708 接通负电源，发出事故音响信号。事故音响启动按断路器和控制开关位置"不对应"启动。

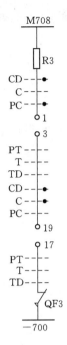

图 8-11　断路器事故音响启动回路

知识点四　同　期　回　路

一、同期的概念

当发电机或者变电所与电网连接时，除了要求发电机和变电所侧的电源频率一致，还要求在连接瞬间，两侧的波形也基本相同，这样才能在冲击电流更小的情况将两个不同的电源（电网和发电机，电网或变电所）连接起来，能够反映两个不同电源的频率和波形差的回路，叫同期回路。

二、同期的方式

目前，电力系统采用的同期并列方式有两种：自同期方式和准同期方式。

（1）自同期：将发电机转子升高到额定转速，在不超过允许转差率的情况下，闭合出口开关，然后加励磁，使发电机自行投入同步。自同期的特点：操作简单，但对电网冲击大，因为合开关瞬间相当于三相短路，使系统电压、频率短时下降，大型发电机都不采用该方式；我国规程规定，在故障情况下，为加速处理故障，水轮发电机组一般采用自同期方式，对于单机容量在 100MW 及以下的汽轮发电机经过计算后，也可以采用。

（2）准同期：将发电机转子升高到额定转速，加励磁，然后通过自动装置或者人工观察，当发电机的电压、频率、电压的相角与系统电压、频率、电压相角相同时闭合发电机断路器，合闸瞬间定子电流接近为零。

特点：操作复杂，需要相应的自动装置或者有丰富并列经验的人员操作，而且需要增

117

加同期闭锁装置，防止非同期并列引起的严重事故。目前发电厂和变电站广泛采用准同期并列方式。

三、同期点

发电厂和变电站中有很多断路器，并不是每一个断路器都用于并列，只有当断路器断开时，其两侧的电压来自不同的电源，该断路器必须由同期装置进行同期并列操作才能合闸，这些担任同期并列任务的断路器，叫做同期点。例如发电机回路断路器，三绕组变压器各侧的断路器，双绕组变压器低压侧断路器等。

四、典型同期装置介绍

1. 自动准同期装置

自动准同期与系统信号采集如图8-12所示。

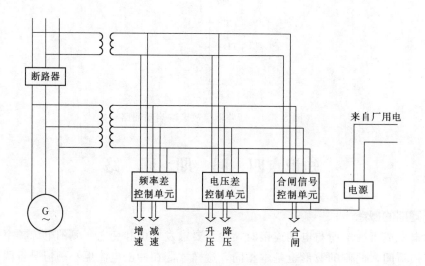

图8-12　自动准同期与系统信号采集

自动准同期控制器有三个基本单元组成：①合闸控制单元；②均频控制单元；③均压控制单元。控制器的主要输入信号有：①断路器系统侧a相、b相电压；②断路器发电机侧a相、b相电压。

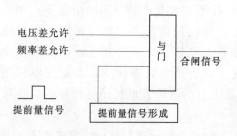

图8-13　准同期并列合闸信号控制逻辑单元

控制器的主要输出信号有：①合闸；②加速和减速；③升压和降压。合闸控制单元的作用是：检测准同期条件（电压差，频率差和相位差），当相位差和频差条件均满足时，选择合适时机（相位差等于越前相角）发出合闸命令；当电压差相位差或频差条件不满足时，闭锁合闸。合闸控制逻辑框图如图8-13所示。

均压控制单元的作用是：当频率差条件不满足时，根据频率差的方向，相应发出加速或减速命令给原动机调速器，调整调速器的速度给定值，使发电机频率（转速）向系统频率靠近，进而满足频率差条件。调速命令一般以脉冲形式输出，调整脉冲的宽度或频率，根据频率差的大小按一定控制准则计算得出。均压控制单元的作用与均频控制单元相类似，即用以在电压差条件不满足时尽快创造满足条件的电压条件。均压（升压和降压）脉冲被送往自动励磁调节器，用以调整励磁调节器的机端电压给定值。频率差条件和电压差条件的创造，是准同期控制器、原动机调速器和自动励磁调节器 3 个自动装置协同完成的。

2. 发电机手动准同期并列

常用的同期表为组合式同期表。如图 8-14 所示，同期有三部分组成：频差检测部分、电压检测部分、同期检测部分。

图 8-14 同期表

（1）频差检测：同期表左侧的指针指出系统和机组频率差的大小。向"＋"偏转，表示系统频率大于机组频率，反之表示系统频率低于机组电压，偏差越大，指针偏离中间位置越大。

（2）压差检测：同期表右侧的指针指出系统和机组的压差的大小。向"＋"偏转，表示系统电压大于机组电压，反之表示系统电压低于电压频率。偏差越大，指针偏离中间位置越大。

（3）同期检测：同期表中间为同期检查结果指示。当同期表指针顺时针方向旋转时，表示待并发电机频率比系统高，应降低待并发电机转速；当同期表指针逆时针方向旋转时，表示待并发电机转速太低，应提升待并发电机的转速，指针偏离同期点可以指示出相位的差值大小。同时，指针的转速反映了相位差值变化的快慢。同步检查继电器如图 8-15 所示。

图 8-15 同步检查继电器

同步检查继电器 TJJ 能够自动地分析、比较、判断两个系统间电压幅值及相位差的变化，并根据判断的结果，发出执行命令（其干簧继电器的常开、常闭接点的断开或闭合）。其作用是，防止操作人员在非同期情况下将待并发电机并列，它是手动准同期装置的非同期闭锁部分。

手动准同期开关的作用就是，通过其接点将同期小母线、同期合闸母线、配电装置信号电源线与同步检查继电器 TJJ 及组合式三相同期表 S 可靠地连接起来，并通过其接点的切换，使组合式三相同期表 S 和同步检查继电器 TJJ 实现上述功能。

3. 微机准同期装置

微机准同期装置是新一代微机型数字式全自动并网装置，它完全克服了模拟装置的缺点，以高精度的时标计算频差、相位差，以毫秒级的精度实现合闸提前时间，可实现全智能快速自动调频、调压，装置特性稳定，无需调试。在待并两侧频差、压差合格，整定的提前时间与断路器机械动作时间相吻合的情况下，可实现快速无冲击合闸。

知识点五　测量监察回路

测量监察回路是由各种测量仪表及其相关回路组成，其作用是指示或记录一次设备和系统的运行参数，以便运行人员掌握一次系统的运行情况，同时也是分析电能质量、计算经济指标、了解系统潮流和主设备运行工况的主要依据。

一、测量回路图

测量回路通常采用展开图的形式表示，并以交流电流及交流电压回路分别表示。如图8-16所示为交流电流回路，即电流表线圈和电能表线圈共用一组电流互感器。当几种仪表接于同一组电流互感器时，其接线顺序一般为先接指示和积算式仪表，再接记录仪表，最后接变送仪表。

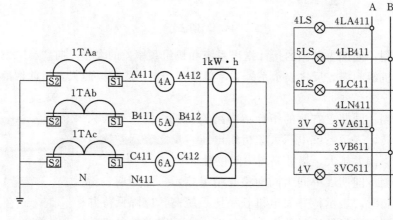

图8-16　交流电流回路　　　　图8-17　交流电压回路

在电力系统中，电压互感器是按母线数量设置的，即每组主母线装设一组电压互感器，接在同一母线上的所有原件的测量仪表、继电保护和自动装置都由同一组电压互感器的二次测取得电压。为了减少电缆联系采用电压小母线。各电气设备所需要的二次电压。如图8-17所示为交流电压回路，3V、4V测的线电压。4LS、5LS、6LS指示灯取自各相的相电压。

二、直流母线电压监视

直流母线电压监视装置主要反映直流电源电压的高低。KV1是低电压监视继电器，正常电压KV1励磁，其常闭触点断开，当电压降低到整定值时，KV1失磁，其常闭触点闭合，HP1光字牌亮，发出音响信号。KV2是过电压继电器，正常电压时KV2失磁，其常开触点在断开位置，当电压过高超过整定值时KV2励磁，其常开触点闭合，HP2光字牌亮，发出音响信号。直流母线电压监视回路如图8-18所示。

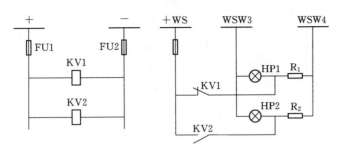

图 8-18 直流母线电压监视回路

思 考 题

1．二次回路包含哪些回路？

2．直流操作电源在发电厂和变电站中的作用是什么？

3．操作电源的类型有哪几种？

4．什么是同期？同期并列要满足什么条件？

5．同期并列的方式有哪几种？各自的优缺点是什么？

6．绝缘监察可以反应系统的什么参数？

附录一　纯电阻、电感、电容线路相关参数

项目	纯电阻（性）电路	纯电感（性）电路	纯电容（性）电路
电路图	R	L	C
向量图（电压与电流的相位差）	纯电阻电路中，电压与电流同相位	纯电感电路中，电压超前电流 90°	纯电容电路中，电流超前电压 90°
电流与电压的关系	设 $u_R=U_{Rm}\sin\omega t$ $i=\dfrac{u_R}{R}=\dfrac{U_{Rm}}{R}\sin\omega t=I_m\sin\omega t$ 则 $I_m=\dfrac{U_{Rm}}{R}$ $I=\dfrac{U}{R}$	设：$u_R=U_{Rm}\sin\omega t$ 感抗：$X_L=\omega L=2\pi f L$（Ω） （X_L 用来表示电感线圈对交流电流阻碍作用的一个物理量。） $i_L=I_m\sin\left(\omega t-\dfrac{\pi}{2}\right)$ 式中 $I_m=\dfrac{U_{Lm}}{\omega L}=\dfrac{U_{Lm}}{X_L}$ $I=\dfrac{U_L}{\omega L}=\dfrac{U_L}{X_L}$ 电感线圈具有"阻交通直"的性质	设：$u_R=U_{Rm}\sin\omega t$ 容抗：$X_c=\dfrac{1}{\omega C}=\dfrac{1}{2\pi f C}$（Ω） （$X_c$ 用来表示电容对电流阻碍作用的一个物理量。） $i_c=I_m\sin\left(\omega t+\dfrac{\pi}{2}\right)$ 式中 $I_m=\dfrac{U_{cm}}{X_c}=\dfrac{U_{cm}}{1/\omega C}=U_{cm}\cdot\omega C$ $I=\dfrac{U_c}{X_c}=\dfrac{U_c}{1/\omega C}$ 电容具有"隔直通交"的性质
电路的功率	瞬时功率： $p=ui=U_{Rm}I_{Rm}\sin^2\omega t$ 有功功率（平均功率）： $P=U_R I=I^2R=\dfrac{U_R^2}{R}$（W） 电阻元件总是在消耗功率	瞬时功率： $p=u_L i=U_{Lm}I_{Lm}\sin\left(\omega t-\dfrac{\pi}{2}\right)\sin\omega t$ 有功功率（平均功率）：$P=0$ 无功功率（最大瞬时功率）： $Q_L=U_L I=I^2 X_L=\dfrac{U_L^2}{X_L}$（var） （无功功率反映的是储能元件与外界交换能量的规模。"无功"的含义又是"交换"。）	瞬时功率： $p=u_c i=U_{cm}I_{cm}\sin\left(\omega t+\dfrac{\pi}{2}\right)\sin\omega t$ 有功功率（平均功率）：$P=0$ 无功功率（最大瞬时功率）： $Q_c=U_c I=I^2 X_c=\dfrac{U_c^2}{X_c}$（var）

附录二 倒闸操作票样票

变电站倒闸操作票

××供电公司：××变电站　　　　　　　　　　　　　　　　编号：

发令人		受令人		发令时间	年 月 日 时 分
操作开始时间：			年 月 日 时 分	操作结束时间：	年 月 日 时 分
操作任务：××线×开关由运行转线路检修					

顺序	操作项目	√
1	……	
2	检查××线电流表指示为××A	
3	检查××线××开关带电显示装置三相指示灯亮	
4	检查××线××开关工作位置指示灯"红灯"亮	
5	检查××线××开关位置指示器确在"合"位	
6	检查××线××开关遥控图示确在"合"位	
7	检查××线××开关遥控量电流显示××A	
8	拉开××线××开关	
9	检查××线电流表确无指示	
10	检查××线××开关带电显示装置三相指示灯灭	
11	检查××线××开关位置指示灯"绿灯"亮	
12	检查××线××开关位置指示器确在"分"位	
13	检查××线××开关遥控图示确在"分"位	
14	检查××线××开关遥控量电流显示"0"A	
15	……	
备注：		
操作人：　　　　　　　监护人：　　　　　　　　　　　值班负责人：		

附录三　电力电缆第一种工作票

电力电缆第一种工作票

单位＿＿＿＿＿＿＿　　　　　　　　　　　　　　编号＿＿＿＿＿＿＿＿＿

1. 工作负责人（监护人）＿＿＿＿＿＿＿＿＿　　　班组＿＿＿＿＿＿＿＿

2. 工作班人员（不包括工作负责人）

＿＿＿＿＿＿＿＿＿＿＿＿＿＿＿＿＿＿＿共＿＿＿＿＿＿人。

3. 电力电缆双重名称＿＿＿＿＿＿＿＿＿＿＿＿＿＿＿＿

4. 工作任务

工作地点或地段	工作内容

5. 计划工作时间

自＿＿＿年＿＿＿月＿＿＿日＿＿＿时＿＿＿分

至＿＿＿年＿＿＿月＿＿＿日＿＿＿时＿＿＿分

6. 安全措施（必要时可附页绘图说明）

（1）应拉开的设备名称、应装设绝缘挡板			
变、配电站或线路名称	应拉开的断路器（开关）、隔离开关（刀闸）、熔断器以及应装设的绝缘挡板（注明设备双重名称）	执行人	已执行

（2）应合接地刀闸或应装接地线		
接地刀闸双重名称和接地线装设地点	接地线编号	执行人

（3）应设遮栏，应挂标示牌	
例：1. 在×kV××变电站××开关操作把手上，悬挂"禁止合闸，有人工作"和"在此工作"的标示牌。2. 在×kV××变电站××开关间隔两侧设临时遮拦。	

（4）工作地点保留带电部分或注意事项（由工作票签发人填写）	（5）补充工作地点保留带电部分和安全措施（由工作许可人填写）

工作票签发人签名_____签发日期_____年___月___日___时___分

7. 确认本工作票1～6项

工作负责人签名_____

8. 补充安全措施

_____

_____

工作负责人签名_____

9. 工作许可

（1）在线路上的电缆工作：

工作许可人_____用_____方式许可。

自___年___月___日___时___分起开始工作。

工作负责人签名_____

（2）在变电站或发电厂内的电缆工作：

安全措施项所列措施中_____（变、配电站/发电厂）部分已执行完毕。

工作许可时间_____年___月___日___时___分。

工作许可人签名_____ 工作负责人签名_____

10. 确认工作负责人布置的工作任务和安全措施

工作班组人员签名

_____

11. 每日开工和收工时间（使用一天的工作票不必填写）

收工时间				工作负责人	工作许可人	开工时间				工作负责人	工作许可人
月	日	时	分			月	日	时	分		

12. 工作票延期

有效期延长到_____年___月___日___时___分

工作负责人签名_____ _____年___月___日___时___分

工作许可人签名_____ _____年___月___日___时___分

13. 工作负责人变动

原工作负责人_____离去，变更_____为工作负责人。

工作票签发人_____ _____年___月___日___时___分

14. 工作人员变动（变动人员姓名、日期及时间）

_____

_____

_____

工作负责人签名_____

15. 工作终结

（1）在线路上的电缆工作：

工作人员已全部撤离，材料工具已清理完毕，工作终结；所装的工作接地线共____副已全部拆除，于_____年___月___日___时___分工作负责人向工作许可人_____用方式汇报。

工作负责人签名_____

（2）在变配电站或发电厂内的电缆工作：

在_____（变、配电站/发电厂）工作于_____年___月___日___时___分结束，设备及安全措施已恢复至开工前状态，工作人员已全部撤离，材料工具已清理完毕。

工作负责人签名_____ 工作许可人签名_____

16. 工作票终结

临时遮栏、标示牌已拆除，常设遮栏已恢复；

未拆除或拉开的接地线编号_____等共___组、接地刀闸共____副（台），已汇报调度。

工作许可人签名_____

17. 备注

（1）指定专责监护人_____负责监护_____

_____（地点及具体工作）

（2）其他事项：_____

_____

参 考 文 献

［1］ 电力安全生产及防护/国家电网公司人力资源部 . 电气设备及运行维护 . 北京：中国电力出版社，2010.

［2］ 电力安全生产及防护/国家电网公司人力资源部 . 电力安全生产及防护 . 北京：中国电力出版社，2010.

［3］ 电力安全生产及防护/国家电网公司人力资源部 . 二次回路 . 北京：中国电力出版社，2010.

［4］ 卢文鹏，等 . 发电厂变电站电气设备 . 北京：中国电力出版社，2007.

［5］ 史新，林思芳 . 电气安装禁忌手册 . 北京：机械工业出版社，2009.

［6］ 潘玉山 . 电气设备安装工（中级）. 北京：机械工业出版社，2005.

［7］ 刘增良 . 电气设备及运行维护 . 北京：中国电力出版社，2007.

［8］ 许建安 . 中小型水电站电气设计手册 . 北京：中国水利水电出版社，2002.

［9］ 黄林根，吴卫国，熊杰 . 电气设备运行与维护 . 南京：河海大学出版社，2005.